江苏联合职业技术学院商务类专业协作委员会组织编写

五年制高等职业教育商务类专业精品课程系列规划教材

图形图像处理

TUXING TUXIANG CHULI

主　审　陆一琳
主　编　吴建洪
副主编　袁　辉　汪　宜
编　者　李　姝　吴昕霞　陆艳芳
　　　　苗　刚　胡　全　徐　英
　　　　彭　玮

苏州大学出版社
Soochow University Press

图书在版编目（CIP）数据

图形图像处理/吴建洪主编．—苏州：苏州大学出版社，2021.7（2023.12 重印）

五年制高等职业教育商务类专业精品课程系列规划教材

ISBN 978-7-5672-3539-7

Ⅰ．①图… Ⅱ．①吴… Ⅲ．①图像处理软件－高等职业教育－教材　Ⅳ．①TP391.413

中国版本图书馆 CIP 数据核字（2021）第 079202 号

内容简介

本书引进企业真实的工作项目，采用项目化教学模式，以培养职业能力为核心，充分体现"做中学，做中教"的职业教育教学特色。全书分 8 个项目，内容包括照片处理、宣传单设计、杂志排版设计、广告设计、封面设计、包装设计、UI 设计、移动网店装修。每个项目包括项目分析、项目子任务、项目总结、实战演练、课后习题；子任务采用"任务要求""效果展示""知识链接""制作向导""技巧点拨"的编写结构，突出对学生实际操作能力的培养。

本书由江苏联合职业技术学院的一线专业教师编写，适合作为各类职业院校相关专业"图形图像处理"课程的教材，也适合 Photoshop 自学者使用。

本书另配有网络教学资源、电子课件、教学素材和效果图。

图形图像处理

吴建洪　主编

责任编辑　管兆宁

苏州大学出版社出版发行
（地址：苏州市十梓街 1 号　邮编：215006）
镇江文苑制版印刷有限责任公司印装
（地址：镇江市黄山南路 18 号润州花园 6-1 号　邮编：212000）

开本 787 mm×1 092 mm　1/16　印张 12.5　字数 305 千
2021 年 7 月第 1 版　2023 年 12 月第 3 次印刷
ISBN 978-7-5672-3539-7　定价：49.00 元

若有印装错误，本社负责调换
苏州大学出版社营销部　电话：0512-67481020
苏州大学出版社网址　http://www.sudapress.com
苏州大学出版社邮箱　sdcbs@suda.edu.cn

编写人员名单

主　审：陆一琳　江苏省惠山中等专业学校
主　编：吴建洪　江苏省江阴中等专业学校
副主编：袁　辉　江苏省徐州经贸高等职业学校
　　　　汪　宜　南京金陵高等职业技术学校
编　者：（按姓名笔画排序）
　　　　李　姝　常州刘国钧高等职业技术学校
　　　　吴昕霞　江苏省江阴中等专业学校
　　　　陆艳芳　江苏省宜兴中等专业学校
　　　　苗　刚　南京金陵高等职业技术学校
　　　　胡　全　南京市玄武中等专业学校
　　　　徐　英　江苏省江阴中等专业学校
　　　　彭　玮　江苏省江阴中等专业学校

序　言

图 形 图 像 处 理
TUXING TUXIANG CHULI

为了适应五年制高等职业教育商务类专业课程改革和精品课程建设需要，进一步提高商务类专业人才培养质量，根据江苏联合职业技术学院商务类专业人才培养方案和相关专业课程标准，学院商务类专业协作委员会组织了各分院专业骨干教师，有计划、有步骤地开发五年制高等职业教育商务类专业精品课程系列教材。

五年制高等职业教育商务类专业精品课程系列教材，力求以案例教学为主，配以与相关职业岗位相适应的能力训练项目，使知识学习与能力训练做到有机融合。系列教材所涉及的课程既包括了商务类专业基础课，也包括了营销类专业的主干课程。所有教材坚持"就业-能力-学生"三位一体的原则，即：坚持"以就业为导向、以能力为本位"的职业教育目标，坚持"以学生职业能力培养为主"的职业教育课程目标，坚持"以学生为主体、教师为主导"的职业教育课堂教学目标，教材紧扣课程性质和特点，既有利于教学的组织与实施，又充分展现了五年制高职课程的特色。

五年制高等职业教育商务类专业精品课程系列教材开发是在江苏联合职业技术学院全面统筹下，根据高等职业教育的人才培养模式，结合专业课程体系、课程结构及教学内容的改革要求，由各分院专业骨干教师共同组织编写。教材编写凸显职业能力的教育观念，突破传统的思路和框架，教材的选题、立意构思新颖，能够着眼于培养学生的职业素质、创新精神和专业技术应用能力，充分体现以能力为本位的思想；教材使用有利于推动教学模式、教学方法和教学手段的改革。

五年制高等职业教育商务类专业精品课程系列教材主要适用于五年制高等职业教育商务类专业及相关专业的专业基础课教学，也可用于三年制高等职业教育、中等职业教育财经商务类专业教学。

学院商务类专业协作委员会

前言

Photoshop 是 Adobe 公司旗下著名的图像处理软件。它功能强大，易学易用，可以为美术设计人员的作品添加艺术魅力，为摄影师提供颜色校正和润饰、瑕疵修复等。它广泛应用于平面设计、产品外观设计、封面设计、摄影后期处理等领域。

本书使用 Photoshop CS6 中文版，根据职业院校学生的特点，融合"做学教合一"的职业教育理念，采用任务驱动、项目教学模式来组织内容，将工作中常用的理论知识、操作技能融合到项目的任务中，从而避免枯燥的理论讲解，加强对学生动手能力的培养。在内容上力求循序渐进、学以致用，通过任务学习让学生掌握知识技能，通过实战演练去巩固知识技能，达到举一反三的目的，提高学生自主学习的能力。

本书由 8 个项目、20 个任务组成，每个项目包括项目分析、项目子任务、项目总结、实战演练、课后习题；子任务采用"任务要求""效果展示""知识链接""制作向导""技巧点拨"的编写结构，突出对学生实际操作能力的培养。

本书由吴建洪担任主编并负责统稿，袁辉、汪宜担任副主编，李姝、吴昕霞、陆艳芳、苗刚、胡全、徐英、彭玮参加编写。教材的具体编写任务分工如下：彭玮（项目一）、吴昕霞（项目二）、李姝（项目三）、陆艳芳（项目四）、徐英（项目五）、胡全（项目六）、苗刚（项目七）、袁辉（项目八）。江苏省惠山中等专业学校正高级讲师陆一琳担任本书主审，并提出了宝贵的修改意见；江苏省江阴中等专业学校校长潘永惠教授、江苏省徐州经贸高等职业学校教务处处长张格宇副教授对本书的编写给予了悉心指导，在此一并感谢。

在本书的编写过程中，我们以科学严谨的态度，力求精益求精，但由于编者水平有限，书中难免有错误、疏漏之处，敬请广大读者批评指正。

编 者
2021 年 4 月

CONTENTS

项目一　照片处理	1
任务1　制作打散人像效果	1
任务2　制作逆光人像效果	7
任务3　制作人像修饰效果	17
项目二　宣传单设计	26
任务1　设计制作"少儿英语培训宣传单"	26
任务2　设计制作"职业教育宣传单"	30
任务3　设计制作"水果店宣传单"	37
项目三　杂志排版设计	45
任务1　制作杂志版面标题字	45
任务2　设计杂志整体版面	52
项目四　广告设计	59
任务1　设计制作牛奶广告	59
任务2　设计制作运动鞋广告	73
项目五　封面设计	92
任务1　设计教材配套CD盘面	92
任务2　设计《诗文诵读》书籍封面	98

项目六　包装设计　　107

　　任务1　设计"哈尼斯巧克力"包装　　108
　　任务2　设计"中秋月饼"包装　　123

项目七　UI设计　　143

　　任务1　设计开始界面和用户注册界面　　143
　　任务2　设计每日推荐和人气菜品界面　　149
　　任务3　设计点菜界面和确认菜品界面　　155

项目八　移动网店装修　　165

　　任务1　设计移动网店店招　　165
　　任务2　设计移动网店广告　　170
　　任务3　设计详情页　　176

习题参考答案　　188

参考书目　　190

项目一 照片处理

项目分析

随着智能手机的普及,越来越多的人在聚会、游玩等日常生活中使用手机拍摄照片。但由于拍摄经验欠缺或手机本身的性能所限,照片效果往往不尽如人意,这时候,就可使用 Photoshop 对照片进行后期处理,做适当修饰及美化。本项目主要介绍照片的基础操作、基本修饰、润饰与调色等常见的图像处理方法,以提高照片效果,使学习者可以轻松地掌握处理数码照片的实用技巧。

任务 1 中的"制作打散人像效果"使用了通道的抠图与蒙版的合成技术来展现照片的特殊效果;任务 2 中的"制作逆光人像效果"应用了调整图层中的各类调色、提亮技术使照片达成一个复古的逆光色调;任务 3 中的"制作人像修饰效果"应用了修复画笔工具进行修复,通过快速蒙版和画笔工具的搭配去除红眼。

任务 1 制作打散人像效果

一、任务要求

本任务要使用 Photoshop 合成创意的人物头像打散效果,利用 RGB 通道抠人像的发丝,再还原回颜色,利用蒙版和画笔工具做出打散的效果。教程主要使用通道、蒙版、画笔等工具。

二、效果展示

如图 1-1 所示为打散人像效果图。

图 1-1 打散人像效果图

三、知识链接

1. 位图

位图图像称为点阵图像或绘制图像，是由称作像素（图片元素）的单个点组成的。这些点可以进行不同的排列和染色以构成图样。当放大位图时，可以看见赖以构成整个图像的无数单个方块。扩大位图尺寸的效果是增大单个像素，会使线条和形状显得参差不齐；但如果从稍远的位置观看，位图图像的颜色和形状仍显得是连续的。

一幅位图图像利用放大工具将其放大后，可以清晰地看到像素的小方块。位图与分辨率有关，如果在屏幕上以较大的倍数放大显示图像，或以低于创建时的分辨率打印图像，图像就会出现锯齿状的边缘，并且会丢失细节。

2. 矢量图

矢量图也叫向量图，它是一种基于图形的几何特性来描述的图像。矢量图中的各种图形元素被称为对象，每一个对角都是独立的个体，都具有大小、颜色、形状和轮廓等属性。

矢量图与分辨率无关，将它设置为任意大小时其清晰度不变，也不会出现锯齿状的边缘。在任何分辨率下显示或打印，矢量图都不会损失细节。

矢量图所占的容量较小，但这种图形的缺点是不易制作色调丰富的图像，而且绘制出来的图形无法像位图那样精确地描绘各种绚丽的景象。

四、制作向导

步骤 1 启动 Photoshop CS6，选择"文件"→"打开"菜单命令，选中"人像素材"图片，如图 1-2 所示。

图1-2　人像素材

步骤 2　将这个图层转为普通的图层"图层 0",如图 1-3、1-4 所示。

图1-3　转为"图层 0"操作 1

图1-4　转为"图层 0"操作 2

步骤 3　Photoshop 中抠头发丝的技术是难点,在这里我们用到的是通道抠发丝。打开"通道"面板,观察红、绿、蓝三个通道,查看哪个通道下图片的黑白对比最为分明,也就是头发同背景色关系区别最大的那个通道。红通道、绿通道、蓝通道分别如图 1-5、

1-6、1-7所示，这几张图中蓝通道比较分明。

图1-5 红通道

图1-6 绿通道

图1-7 蓝通道

步骤4 复制一个"蓝通道副本"，如图1-8所示。选择"图像"→"调整"→"色阶"命令，进行色阶调整，移动滑块使得黑色变得更黑、白色更白，效果如图1-9所示。

图1-8 复制副本

图1-9 步骤4效果

图1-10 画笔工具

步骤5 利用画笔工具，将前景色调成黑色，将"蓝通道副本"中人像的脸和胳膊全涂成黑色，如图1-10、1-11所示。

步骤6 选择"蓝通道副本"，按〈Ctrl〉键将人像载入选区，选择"矩形选框工具"，在人物上右击选择"选择反向"，效果如图1-12所示。

图 1-11 步骤 5 效果

图 1-12 步骤 6 效果

步骤 7 回到图层面板,对"图层 0"按〈Ctrl + J〉快捷键复制选中的人像,生成"图层 1",如图 1-13 所示。

步骤 8 对"图层 0"填充自己喜欢的颜色作为背景。选中"图层 1"并右击,选择"复制图层",自动生成"图层 1 副本",如图 1-14 所示。

图 1-13 生成"图层 1"

图 1-14 生成"图层 1 副本"

步骤 9 选择"图层 1",执行"滤镜"→"液化"命令,在"液化"面板中默认采用"向前变形工具",设置画笔大小为 800,压力为 100,对人像的左边部分进行变形拉伸,效果如图 1-15 所示。

图 1-15　步骤 9 效果

步骤 10　分别对"图层 1"添加一个白色的蒙版（直接按"添加图层蒙版"按钮），对"图层 1 副本"添加一个黑色的蒙版（按〈Alt〉键＋"图层蒙版"按钮），如图 1-16 所示。

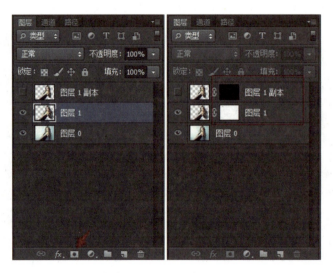

图 1-16　步骤 10 参数设置

步骤 11　选择画笔工具，采用"泼溅画笔"，然后在白色蒙版上选择"黑色画笔"涂抹。涂抹的原则如下：

（1）在黑、白两个蒙版上最好使用同一个画笔，画笔的方向最好保持左右一致。

（2）可以根据对象调整大小和角度。

（3）用"泼溅画笔"时要注意尽量使用画笔的尾部去涂抹，这样的效果会比较细碎而明显；如果画笔较大，细节就会比较粗糙。

（4）反复涂抹，找好所要的感觉，如果觉得不满意可以重新来，蒙版的灵活性是非常大的。

最终效果如图 1-17 所示。

项目一 照片处理

图 1-17　最终效果

五、技巧点拨

（1）蒙版是将不同灰度色值转化为不同的透明度，并作用到它所在的图层，使图层不同部位的透明度产生相应的变化，黑色为完全透明，白色为完全不透明。

（2）通道的可编辑性很强，色彩选择、套索选择、笔刷设置等都可以改变通道，而且还可以通过不同通道相互交错、叠加、相减的动作来实现对各个区域的精确控制。

任务 2　制作逆光人像效果

一、任务要求

本任务要将一张照片设计成复古的逆光效果，使照片看起来更加温馨。可以利用图层面板中调整图层里的各类调色及提亮功能来实现照片的逆光效果。

二、效果展示

如图 1-18 所示为逆光人像效果图。

图 1-18　逆光人像效果图

三、知识链接

1. 分辨率

分辨率，又称解析度、解像度，可以从显示分辨率与图像分辨率两个方向来分类。

显示分辨率（屏幕分辨率）是屏幕图像的精密度，是指显示器所能显示的像素有多少。由于屏幕上的点、线和面都是由像素组成的，显示器可显示的像素越多，画面就越精细，同样的屏幕区域内能显示的信息也越多，所以分辨率是个非常重要的性能指标之一。可以把整个图像想象成一个大型的棋盘，而分辨率的表示方式就是所有经线和纬线交叉点的数目。显示分辨率一定的情况下，显示屏越小图像越清晰；反之，显示屏大小固定时，显示分辨率越高图像越清晰。

图像分辨率则是单位英寸中所包含的像素点数，其定义更趋近于分辨率本身的定义。通常情况下，图像的分辨率越高，所包含的像素就越多，图像就越清晰，印刷的质量也就越好。同时，它也会增加文件占用的存储空间。

2. 逆光

逆光是一种具有艺术魅力和较强表现力的光照，它能使画面产生完全不同于我们肉眼在现场所见到的实际光照的艺术效果。

四、制作向导

步骤1 打开素材图片，如图1-19所示。创建可选颜色调整图层，对黄、绿、白、黑进行调整，参数设置如图1-20所示，效果如图1-21所示。这一步主要把图片中的黄绿色转为黄褐色。

图1-19 逆光图素材

项目一 照片处理

图1-20 步骤1参数设置

图1-21 步骤1效果

步骤2 按〈Ctrl+J〉快捷键把当前可选颜色调整图层复制一层,效果如图1-22所示。

图 1-22　步骤 2 效果

步骤 3　创建色彩平衡调整图层，对阴影、高光进行调整，参数设置如图 1-23 所示，效果如图 1-24 所示。这一步是给图片高光部分增加淡黄色。

图 1-23　步骤 3 参数设置　　　　　　　　图 1-24　步骤 3 效果

步骤 4　创建可选颜色调整图层，对黄、绿、青、白、黑进行调整，参数设置如图 1-25、1-26 所示，效果如图 1-27 所示。这一步是给图片增加暗绿色。

图 1-25　步骤 4 参数设置 1

项目一 照片处理

图 1-26 步骤 4 参数设置 2

图 1-27 步骤 4 效果

步骤 5 创建曲线调整图层，对 RGB、红、绿、蓝通道进行调整，参数设置如图 1-28、1-29 所示，效果如图 1-30 所示。这一步是给图片增加黄绿色。

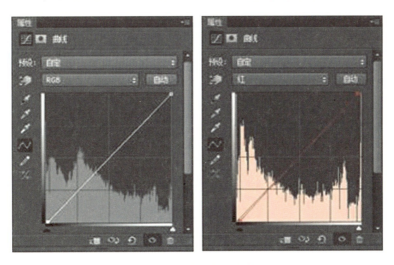

图 1-28 步骤 5 参数设置 1

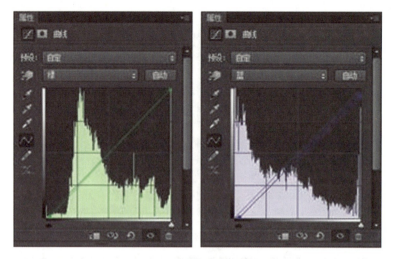

图 1-29　步骤 5 参数设置 2

图 1-30　步骤 5 效果

步骤 6　按〈Ctrl+J〉快捷键把当前曲线调整图层复制一层，不透明度改为 50%，效果如图 1-31 所示。

图 1-31　步骤 6 效果

步骤 7　创建色相/饱和度调整图层，对黄色、洋红进行调整，参数设置及效果如图

1-32 所示。这一步是把图片中的暖色调得鲜艳一点,并微调花朵部分的颜色。

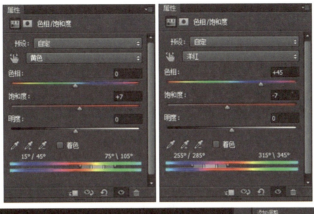

图 1-32　步骤 7 参数设置及效果

步骤 8　按〈Ctrl + Alt + 2〉快捷键调出高光选区,按〈Ctrl + Shift + I〉快捷键反选,然后创建曲线调整图层,对 RGB、红通道进行调整,参数设置及效果如图 1-33 所示。这一步是把暗部稍微调暗一点,并增加绿色。

图 1-33　步骤 8 参数设置及效果

步骤9　创建色彩平衡调整图层，对阴影、高光进行调整，参数设置如图1-34所示。这一步是微调图片暗部颜色。

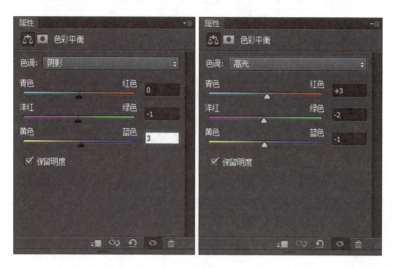

图1-34　步骤9参数设置

步骤10　新建一个图层，按〈D〉键把前背景颜色恢复到默认的黑白，然后选择"滤镜"→"渲染"→"云彩"命令，确定后把混合模式改为"滤色"，不透明度改为20%，效果如图1-35所示。这一步是把图片稍微调亮一点。

图1-35　步骤10效果

步骤11　创建纯色调整图层，颜色设置为橙黄色（#d7a350），确定后把蒙版填充为黑色，用白色画笔把右上角部分擦出来，再把图层不透明度改为50%，效果如图1-36所示。

图 1-36　步骤 11 效果

步骤 12　按〈Ctrl + J〉快捷键把当前纯色调整图层复制一层,混合模式改为"滤色",效果如图 1-37 所示。

图 1-37　步骤 12 效果

步骤 13　创建曲线调整图层,把全图稍微调暗一点,确定后把蒙版填充为黑色,用白色画笔把左下角需要加深的部分擦出来,效果如图 1-38 所示。

图1-38 步骤13效果

步骤14 新建一个图层,按〈Ctrl + Alt + Shift + E〉快捷键盖印图层,选择"滤镜"→"模糊"→"动感模糊"命令,设置角度为45度,设置距离为150像素,如图1-39所示;确定后把混合模式改为"柔光",不透明度改为70%,效果如图1-40所示。这一步是把图片柔化处理。

图1-39 步骤14 参数设置

图 1-40　步骤 14 效果

五、技巧点拨

调整图层是单独用来调整在其下方的图层的，对下方图层的任何调整都不会对下方图层造成损坏，所以比直接在"图像"→"调整"菜单中选择"调整"命令更灵活。

任务 3　制作人像修饰效果

一、任务要求

每个人都希望自拍的照片很漂亮，但现在手机的像素很高，脸上的斑点、痘痘等瑕疵会拍得一清二楚，影响照片的美感。本任务可以通过 Photoshop 的修复画笔工具及滤镜的应用，将自己的皮肤效果修饰得更为光滑。

二、效果展示

如图 1-41 所示为人像修饰效果图。

图 1-41　人像修饰效果图

三、知识链接

1. 图像的色彩模式

Photoshop CS6 提供了多种色彩模式，这些色彩模式是作品能够在屏幕和印刷品上呈现良好效果的重要保障。在这些色彩模式中，经常使用的有 CMYK 模式、RGB 模式及灰度模式。另外，还有索引模式、Lab 模式、HSB 模式、位图模式、双色调模式和多通道模式等。

2. CMYK 模式

CMYK 是印刷四色模式：C 代表青色（Cyan），M 代表洋红色（Magenta），Y 代表黄色（Yellow），K 代表黑色（blacK）。因为在实际应用中，青色、洋红色和黄色很难叠加形成真正的黑色，最多不过是褐色而已，因此才引入了 K——黑色。黑色的作用是强化暗调，加深暗部色彩。

CMYK 模式适用于打印机、印刷机等。

3. RGB 模式

RGB 色彩就是常说的三原色，R 代表 Red（红色），G 代表 Green（绿色），B 代表 Blue（蓝色）。自然界中肉眼所能看到的任何色彩都可以由这三种色彩混合叠加而成，因此也称为加色模式。

RGB 模式适用于显示器、投影仪、扫描仪、数码相机等。

四、制作向导

步骤 1 启动 Photoshop CS6，选择"文件"→"打开"命令，选中"人像素材"图片，如图 1-42 所示。

图 1-42　人像素材

步骤 2 对背景图层进行复制，生成"图层 1"，如图 1-43 所示。

项目一 照片处理

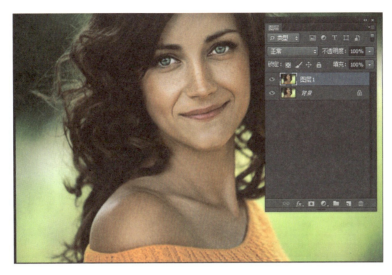

图 1-43 生成"图层 1"

步骤 3 选择"修复画笔工具",对人像素材脸上的痘印、斑点进行修复,工具设置及效果如图 1-44 所示。

图 1-44 步骤 3 工具设置及效果

步骤 4 对"图层 1"再复制一个图层,生成"图层 1 副本",执行"滤镜"→"模糊"→"高斯模糊"命令,参数设置及效果如图 1-45 所示。

图 1-45 步骤 4 参数设置及效果

步骤 5 对"图层 1 副本"添加一个黑色的遮罩层,按住〈Alt〉键单击"添加蒙版层"按钮,如图 1-46 所示。

图 1-46 生成遮罩层

步骤 6 将前景色设置为白色,选择画笔工具,设置画笔笔触硬度为 0%、不透明度为 10%,对"图层 1 副本"的遮罩层进行涂抹,使人物的皮肤达到磨皮的效果。参数设置及效果如图 1-47 所示。

项目一 照片处理

图1-47 步骤6参数设置及效果

步骤7 新建一个图层,命名为"图层2",按〈Ctrl + Shift + Alt + E〉快捷键,对所有的图层进行盖印,然后将"图层2"的图层混合模式修改为"滤色",不透明度设置为90%,使人像肤色达到提亮的效果,参数设置及效果如图1-48所示。

图1-48 步骤7参数设置及效果

步骤8 新建一个图层,命名为"图层3",按〈Ctrl + Shift + Alt + E〉快捷键,对所有的图层进行盖印,效果如图1-49所示。

步骤9 单击背景色下的按钮,进入快速蒙版编辑页面,选择画笔工具,将笔触硬度设置为100%,画出两个眼珠的范围,效果如图1-50所示。

图1-49 步骤8效果

21

图 1-50　步骤 9 效果

步骤 10　按〈Q〉键退出快速蒙版编辑，然后选择"选择"→"反向"命令，选中眼珠，效果如图 1-51 所示。

步骤 11　选择"图像"→"调整"→"去色"命令，将人像眼珠里的杂色去掉，效果如图 1-52 所示。

图 1-51　步骤 10 效果　　　　　　　　　图 1-52　步骤 11 效果

步骤 12　对处理好的人像进行润色，可通过以下两种方式来进行：

（1）使用图层面板中的调整层，选中要进行润色的区域，这里是对人像的眼睛和嘴唇进行改变，眼睛用的是"曲线"调整层，之前人像的眼睛是蓝色的，因为要去杂色，运用了去色功能，现在可通过"曲线"调整给眼珠重新上色，参数设置及效果如图 1-53 所示。

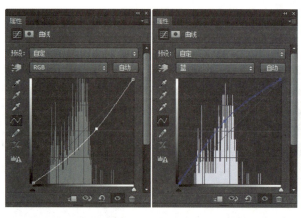 

图 1-53　步骤 12 参数设置及效果 1

嘴唇本身的颜色有点浅，可以通过"色相饱和度"调整层将嘴唇的颜色变得更加鲜艳，参数设置及效果如图 1-54 所示。

项目一 照片处理

图 1-54 步骤 12 参数设置及效果 2

（2）可用画笔上色的方法对头发进行画笔的上色。新建一个图层，设为"图层 4"，设置前景色为图 1-55 所示的颜色，涂抹头发的区域，将图层的混合模式改为"叠加"，不透明度调整为 50%，参数设置及效果如图 1-55 所示。

图 1-55 步骤 12 参数设置及效果 3

步骤 13 对处理好的人像进行修饰，这里借用了外置的画笔，在人像的脸上画了一朵花，效果如图 1-56 所示。

图 1-56 步骤 13 效果

23

五、技巧点拨

（1）盖印图层：按〈Ctrl + Shift + Alt + E〉快捷键。

（2）添加正反蒙版可借助于〈Alt〉键。

项目总结

本项目旨在学习对照片进行基本处理和修饰。通过三个任务的学习，学生学会使用修复工具、仿制图章工具、图像色调调整命令等，在图像的合成、修饰中学会使用图层蒙版、载入外部画笔；在抠图方面，学会观察、了解通道，通过它进行对发丝、毛发等一些特殊图像的抠图，从而培养了学生处理照片的综合能力。

实战演练

根据项目内容，任选自己的几张需要修改的照片，完成个人照片相册的设计页面（背景可用逆光效果，对修改好的照片进行修饰、排版、合成）。

课后习题

一、单选题

1. 在位图模式下，下列表示图像中像素颜色的是（ ）。

  A. 黑白　　　　B. 蓝色　　　　C. 红色　　　　D. 黄色

2. 通常无法提供生成照片的图像物性，下列一般用于工程技术绘图的是（ ）。

  A. 位图　　　　B. 矢量图　　　　C. 形状　　　　D. 像素

3. 一般用于照片品质的图像处理，由许多像小方块一样的"像素"组成的图形，又被称为光栅图的是（ ）。

  A. 位图　　　　B. 矢量图　　　　C. 形状　　　　D. 像素

4. 矢量图形又被称为（ ）。

  A. 基本图形　　　B. 形状　　　　C. 对象　　　　D. 向量图形

5. 新建 Photoshop 文件时设置图像的分辨率，一般在进行平面设计时设定为（ ）。

  A. 36 像素/英寸　B. 72 像素/英寸　C. 150 像素/英寸　D. 300 像素/英寸

6. CMYK 代表了印刷上用的油墨色为（ ）。

  A. 1 种　　　　B. 2 种　　　　C. 3 种　　　　D. 4 种

7. 下列不是 RGB 色彩模式的图像在"通道"面板中的存储形式是（ ）。

  A. 红通道　　　B. 黄通道　　　C. 绿通道　　　D. 蓝通道

8. 灰度图又叫（ ）。

  A. 8 位深度图　　B. 16 位深度图　C. 24 位深度图　D. 32 位深度图

二、多选题

1. 在目前数字化的图像处理中，主要存在两种不同类型的图像，即（ ）。

A．位图图像　　　B．bmp　　　　　　C．jpeg　　　　　　D．矢量图形

2．下列关于分辨率的描述正确的有（　　　　）。

A．分辨率的单位是点/英寸

B．分辨率是指在单位长度内所有的点的多少

C．分辨率的单位是像素/英寸

D．通常一个高分辨率的图像要比相同尺寸大小但分辨率较低的图像包含更多的像素

三、判断题

1．Photoshop CS6 主要用于处理位图。（　　　）

2．Photoshop CS6 中不可导入低版本 Photoshop 中创建的位图文字图层。（　　　）

3．灰度模式下还有部分色彩会显示，如红、黄、蓝。（　　　）

宣传单设计

项目分析

宣传单能帮助商家直接、有效地建立起客户与产品之间的联系，从而激发客户的购买欲望。在宣传单的设计中，需要根据商品的特点对图形、色彩、文字进行综合运用。图形作为设计语言，要把形象的内在和外在构成因素表现出来，以视觉形象的形式把信息传递给消费者；色彩是美化和突出产品的重要因素，色彩要求醒目，符合商品的特点，有较强的吸引力；文字是传达思想、交流感情和信息的符号。

在"少儿英语培训宣传单"中，采用稳重的底色搭配鲜艳活泼的文字，让客户的关注点一下就落在主体文字上；在"职业教育宣传单"中通过变形九宫格展示了主题，并利用图层样式和文字样式丰富图形和文字的效果；在"水果店宣传单"中，运用大量水果的元素来烘托主题，选择清新的颜色表达新鲜的主题。

任务1　设计制作"少儿英语培训宣传单"

一、任务要求

本任务要设计制作少儿英语培训宣传单。对于这类的宣传单首先要让客户一眼就能知道机构的主营项目，因此主题文字需要大而醒目；另外要将机构的特色呈现给客户，增加购买的可能性。

二、效果展示

如图2-1所示为"少儿英语培训宣传单"设计效果参考图。

项目二 宣传单设计

图 2-1 "少儿英语培训宣传单"设计效果参考图

三、知识链接

1. 图层

图层就像是含有文字或图形等元素的胶片，一张张按顺序叠放在一起，组合起来形成页面的最终效果。

每一个图层都是由许多像素组成的，而图层又通过上下叠加的方式来组成整个图像。打个比喻，每一个图层就好似一个透明的"玻璃"，而图层内容就画在这些"玻璃"上，如果"玻璃"什么都没有，这就是个完全透明的空图层，当各层"玻璃"都有图像时，自上而下俯视所有图层，从而形成图像显示效果。

2. 蒙版

蒙版是一种灰度图像，可以保护一部分图像，以使它们不受各种操作的影响，其作用就像一张布，可以遮盖住处理区域中的一部分，当我们对处理区域内的整个图像进行模糊、上色等操作时，被蒙版遮盖起来的部分就不会受到改变。

当蒙版的灰度色深增加时，被覆盖的区域会变得更加透明。利用这一特性，我们可以用蒙版改变图片中不同位置的透明度，甚至可以代替"橡皮工具"在蒙版上擦除图像，而不影响到图像本身。

四、制作向导

步骤1 启动 Photoshop CS6，选择"文件"→"新建"命令，新建一个文件，开本大小为 210×285 mm，分辨率为 72 像素/英寸，颜色模式为 RGB，背景色为#005e91，文件名为"少儿英语培训宣传单"。

> **注意事项**
>
> 如果要印刷，尺寸一般设计为 216×291 mm，经过裁边后成品尺寸为 210×285 mm，分辨率为 300 dpi，颜色模式为 CMYK。

步骤2 填充背景色。

步骤3 新建 Alpha1 通道，选择"滤镜"→"杂色"→"添加杂色"命令，数量为30，高斯分布。

步骤4 在 Alpha1 通道上选择"滤镜"→"像素化"→"点状化"命令，单元格大小为6。

步骤5 在 Alpha1 通道上选择"图像"→"调整"→"阈值"命令，阈值色阶为215，效果如图 2-2 所示。

步骤6 载入 Alpha1 通道，回到图层面板，单击图层面板下的"新建组"图标，重命名为"背景装饰"，在组内新建图层，重命名为"底纹"，填充白色，效果如图 2-3 所示。

图 2-2　Alpha1 通道效果

图 2-3　背景效果

步骤7 选择"钢笔工具"，在图像顶部绘制如图 2-4 所示的弧形。

步骤8 单击路径面板中的"将路径作为选区载入"按钮，新建 Alpha2 通道，执行"选择"→"修改"→"羽化"命令，羽化像素为5，给选区填充白色。

步骤9 执行"滤镜"→"像素化"→"彩色半调"命令，效果如图2-5所示。

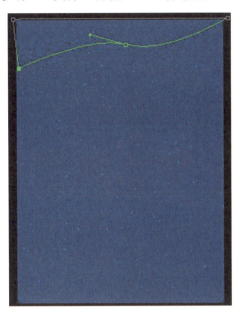

图2-4 顶部绘制弧形

图2-5 彩色半调后的效果

步骤10 载入Alpha2通道，回到图层面板，在"背景装饰"组下新建图层，重命名为"顶部装饰"，填充白色。

步骤11 在"背景装饰"组内新建两个图层，重命名为"底部装饰1""底部装饰2"。用"钢笔工具"绘制两个曲线区域，并转换为选区，分别填充白色和橙色（#e6774a），效果如图2-6所示。

步骤12 打开"素材1.psd"，将素材拖入文件中，调整位置大小，效果如图2-7所示。

图2-6 背景装饰最终效果

图2-7 素材调整位置

步骤 13 新建"特色介绍"组,选择"横排文字工具",分别输入"外教 + 顾问 + 客服""在线学习系统""图文并茂的练习册""点滴成长　我们陪伴""寓教于乐　助力学习""生动有趣　自主练习",并调整位置和大小。打开"素材 2.jpg",选择其中 3 个喜欢的图标,拖入组中,调整位置和大小,重新选择并填充颜色。效果如图 2-8 所示。

图 2-8　主图设置效果

步骤 14 执行"控制面板"→"字体"命令,将"素材"文件夹下的"迷你简卡通.ttf"字体文件复制到"字体"文件夹中,在计算机中添加"迷你简卡通"字体。

步骤 15 新建"文字说明"组,选择"横排文字工具",颜色设置为黑色,在"文字说明"组内输入"泡泡堂",修改字体为"迷你简卡通",调整文字大小和位置。复制"泡泡堂"文字图层,添加蒙版,在蒙版上半部分填充白→黑的渐变,得到倒影效果。

步骤 16 在"文字说明"组内,选择"横排文字工具",分别输入"少儿英语""ENGLISH""地址:某某市某某路某某号""公交:……""联系人:赵老师""联系电话:13333333333"。

五、技巧点拨

通过建立组,既可以实现多图层一起移动,也可以使图层面板干净有序。

任务 2　设计制作"职业教育宣传单"

一、任务要求

本任务要设计制作职业教育宣传单。主要目的是宣传学校形象,吸引生源。因此在设计时要突出学校的特点及特色,布局要整洁大方。

二、效果展示

如图 2-9 所示为"职业教育宣传单"设计效果参考图。

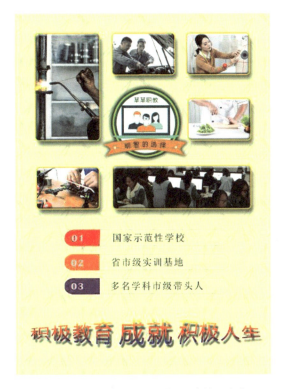

图 2-9 "职业教育宣传单"设计效果参考图

三、知识链接

通道作为图像的组成部分，是与图像的格式密不可分的，图像颜色、格式的不同决定了通道的数量和模式，在通道面板中可以直观地看到。

在通道中，以白色代替透明表示要处理的部分（选择区域）；以黑色表示不需要处理的部分（非选择区域）。因此，通道没有其独立的意义，而只有在依附于其他图像存在时，才能体现其功用。

Photoshop 通道分类：

1. Alpha 通道

Alpha 通道是为保存选择区域而专门设计的通道，在生成一个图像文件时并不必须产生 Alpha 通道。通常它是由人们在图像处理过程中人为生成，并从中读取选择区域信息的。

2. 颜色通道

一个图片被建立或者打开以后是自动会创建颜色通道的，这些通道把图像分解成一个或多个色彩成分。图像的模式决定了颜色通道的数量，RGB 模式有 R、G、B 三个颜色通道，CMYK 图像有 C、M、Y、K 四个颜色通道，灰度图只有一个颜色通道，它们包含了所有将被打印或显示的颜色。

3. 复合通道

复合通道不包含任何信息，实际上它只是同时预览并编辑所有颜色通道的一个快捷方式。它通常被用来在单独编辑完一个或多个颜色通道后使通道面板返回到它的默认状态。对于不同模式的图像，其通道的数量是不一样的。

4. 专色通道

专色通道是一种特殊的颜色通道，它可以使用除了青色、洋红（品红）、黄色、黑色以外的颜色来绘制图像。

5. 矢量通道

为了减小数据量，人们将逐点描绘的数字图像转化为简捷的数学公式，这种公式化的图形被称为"矢量图形"，而公式化的通道，则被称为"矢量通道"。

四、制作向导

步骤1 启动 Photoshop CS6，选择"文件"→"新建"命令，新建一个文件，开本大小为 210×285 mm，分辨率为 72 像素/英寸，颜色模式为 RGB，背景色为#fefcbf，文件名为"职业教育宣传单"。

步骤2 另新建一个文件，大小为 120×120 像素，分辨率为 72 像素/英寸，颜色模式为 RGB，背景透明，文件名为"填充图案"。

步骤3 打开"素材"文件夹下的"素材 1.psd"，选择喜欢的图标拖入文件，随意分布；按〈Ctrl + A〉快捷键全选，选择"编辑"→"定义图案"命令，命名为"背景图案"，如图 2-10 所示。

图 2-10 定义图案名称

步骤4 回到文件"职业教育宣传单"，新建图层，重命名为"背景底纹"；选择"编辑"→"填充"命令，选择之前定义的"背景图案"，并单击"确定"按钮，如图 2-11 所示；降低图层透明度为 9%。填充效果如 2-12 所示。

图 2-11 图案填充　　　　图 2-12 图案填充效果

步骤 5　新建组"标志",在文件夹下新建图层,重命名为"底色"。

步骤 6　按〈Ctrl + R〉快捷键打开标尺,横向及纵向各拖出一根参考线,相交于文件中央,作为圆心。

步骤 7　选择"椭圆选框工具",从圆心开始,按〈Alt + Shift〉快捷键绘制正圆,填充颜色为#326405。

步骤 8　在"标志"组内新建图层,重命名为"黄圈";继续选择"椭圆选框工具",从圆心开始,按〈Alt + Shift〉快捷键绘制稍小正圆;选择"编辑"→"描边"命令,设置宽度为 6 像素,颜色为#cac529。

注意事项

当在设计中涉及多个同心圆时,利用参考线确定圆心是一个好选择。

步骤 9　在"标志"组内新建图层,重命名为"白底";选择"椭圆选框工具",从圆心开始,按住〈Alt + Shift〉快捷键绘制正圆,填充白色。

步骤 10　在"标志"组内新建图层,重命名为"电脑";打开图片文件"素材 2.jpg",将电脑的标志拖入图层中,调整位置和大小。

步骤 11　在"标志"组内新建多个图层,并重命名;把"素材 2.jpg"中的其他标志分别拖入对应的图层中,并调整位置和大小。效果如图 2-13 所示。

步骤 12　在"标志"组内选择"横排文字工具",输入"某某职教",文字颜色为#326405。

步骤 13　在"标志"组内新建图层,重命名为"横幅";选择"自定形状工具",在"形状"属性中用"全部"替换当前形状,选择"横幅 4"形状,将工具模式改为"路径",绘制横幅;选择"直接选择工具",将水平方向的上下两个锚点向上拖动,变为上弧形,再对其他几个锚点进行微调,完成最后形状;切换到"路径"面板,将路径转换为选区,填充颜色为#ea8d2d。

步骤 14　在"标志"组内新建图层,重命名为"白点";选择画笔工具,在横幅左右绘制两个小白点做装饰。

步骤 15　在"标志"组内选择"横排文字工具",输入"明智的选择",设置文字颜色为黑色;选择"创建文字变形",打开变形面板,分别设置为"扇形""水平""弯曲 + 10"。最终效果如图 2-14 所示。

图 2-13　标志图案效果

图 2-14　标志最终效果

步骤 16 创建"九宫格"组,新建七个图层,分别命名为"第一宫形状"……"第七宫形状";在这七个图层上使用"圆角矩形工具"绘制图形。

步骤 17 选择"九宫格"组,单击"图层面板"底部 图标,添加图层样式。参数设置及最终效果分别如图 2-15、2-16、2-17、2-18 所示。

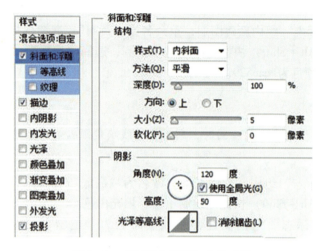

图 2-15 "斜面和浮雕"参数设置

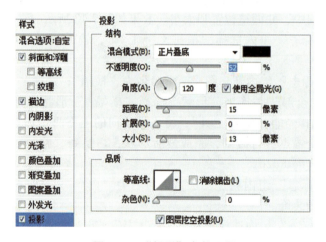

图 2-16 "投影"参数设置

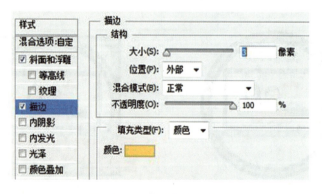

图 2-17 "描边"参数设置

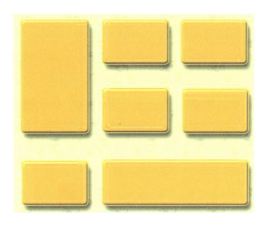

图 2-18　图层样式效果图

步骤 18　选择"九宫格"组，选择"素材"文件夹中的"工作图片 1"……"工作图片 6"，分别拖入文件内，修改图层文件名为"第一宫"至"第六宫"；调整大小与位置，使之与九宫格中的对应宫适合，空出中间一宫。

步骤 19　选择"第一宫"图层，按住〈Ctrl〉键单击"第一宫形状"图层载入选区，单击图层面板上的"添加蒙版"按钮，给"第一宫"图层添加蒙版，关闭"第一宫形状"的显示。效果如图 2-19 所示。

步骤 20　重复以上操作，将其他图片也添加相应宫的蒙版。将前面制作的标志调整到第四宫位置上，并给标志文件夹添加"投影"图层样式。最终效果如图 2-20 所示。

图 2-19　添加蒙版效果

图 2-20　九宫格最终效果

步骤 21　创建"介绍文字"组，新建图层，重命名为"文本 1 填充"，选择"圆角矩形工具"，修改工具模式为"像素，半径 25"，修改前景色为红色，绘制圆角长条矩形。

步骤 22　在"介绍文字"组内新建图层，重命名为"文本 1 边框"，载入"文本 1 填充"的选区，选择"编辑"→"描边"命令，设置宽度为 1 像素，颜色为#bababa。

步骤 23 选择"文本 1 填充"的图层,选择"矩形选框工具",选择右边四分之三区域,按〈Delete〉键删除。

步骤 24 在"介绍文字"组内复制两组"文本 1 填充"和"文本 1 边框"图层,分别修改编号为 2,3。效果如图 2-21 所示。

步骤 25 分别将"文本 2 填充"和"文本 3 填充"中的颜色改为#fc7f05 和#7a016d。

步骤 26 在"介绍文字"组内选择"横排文字工具",分别输入如图 2-22 所示的文字。最终效果如图 2-22 所示。

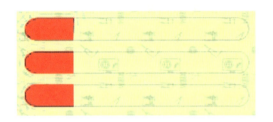
图 2-21 边框和填充效果

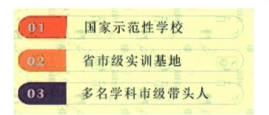
图 2-22 介绍文字最终效果

步骤 27 将前景色改为黑色,选择"横排文字工具",分别输入"积极教育""成就""积极人生";将"积极教育"设置为变形文字"扇形",水平扭曲为 +40,将"积极人生"设置为变形文字"扇形",水平扭曲为 -40。效果如图 2-23 所示。

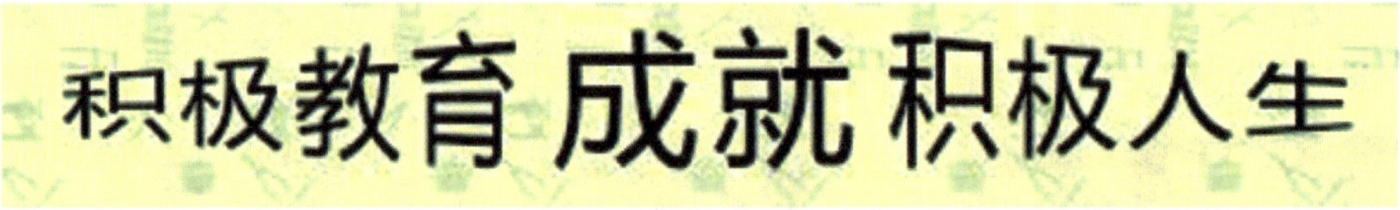

图 2-23 变形文字效果图

步骤 28 对这三组文字分别添加"渐变叠加""投影"图层样式,参数设置分别如图 2-24、2-25 所示。

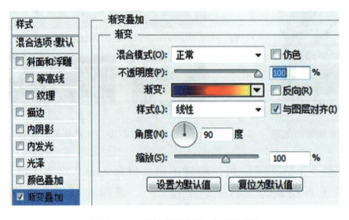
图 2-24 "渐变叠加"参数设置

项目二 宣传单设计

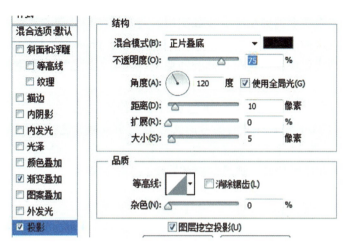

图 2-25 "投影"参数设置

五、技巧点拨

（1）在组上添加图层样式，其作用范围为组内所有图层；在图层上添加图层样式，则作用范围为当前图层。

（2）如果多个图层要添加同样的图层样式，可以使用右键的"拷贝图层样式"和"粘贴图层样式"来简化操作。

任务3 设计制作"水果店宣传单"

一、任务要求

本任务要设计制作水果店宣传单。食品类宣传单的设计要从食品的特点出发来体现视觉、味觉等特点，诱发消费者的食欲，促发其购买欲望。对于水果消费者来说，第一要求是新鲜，而绿色容易使人产生这样的感觉，因此宣传单的主色调是绿色，并使用大量的水果图片做装饰。

二、效果展示

如图 2-26 所示为"水果店宣传单"设计效果参考图。

三、知识链接

常用的图像文件格式：

1. PSD 格式

PSD 格式是 Photoshop CS6 自身的专用文件

图 2-26 "水果店宣传单"设计效果参考图

37

格式，能够保存图像数据的细小部分，如图层、通道等特殊处理的信息。因此在没有最终成图前，建议先以这种格式保存，方便后期继续修改。Photoshop CS6 打开和存储这种格式的文件比其他格式更快，但它所存储的图像文件容量大，占用磁盘空间较多。

2. TIFF 格式

TIFF 格式是标签图像格式。它对于色彩通道图像来说是非常有用的，具有很强的平台可移植性。使用 TIFF 格式存储时要考虑文件的大小，因为它的结构要比其他格式更复杂。但 TIFF 格式支持 24 个通道，能存储多于 4 个通道的文件格式，它还允许 Photoshop CS6 中的复杂工具和滤镜特效，适合印刷和输出。

3. BMP 格式

BMP（Windows Bitmap）可以用于绝大多数 Windows 下的应用程序。

BMP 格式使用索引色彩，并且可以使用 16 MB 色彩渲染图像。BMP 格式能够存储黑白图、灰度图和 16 MB 色彩的 RGB 图像等，这种格式的图像具有极为丰富的色彩。存储这种格式的图像文件时，还可以进行无损压缩，节省磁盘空间。

4. GIF 格式

GIF（Graphics Interchange Format）格式的图像文件比较小，形成一种压缩的 8 bit 图像文件。一般用这种格式的文件来缩短图形的加载时间，它适合于网络传输。

5. JPEG 格式

JPEG（Joint Photographic Experts Group）的中文意思为"联合摄影专家组"。JPEG 格式既是 Photoshop 支持的一种文件格式，也是一种压缩方案。它的压缩比例较大，属于有损压缩，会丢失部分数据。用户可以在存储前选择图像的最好质量，控制数据的损失程度。

6. EPS 格式

EPS（Encapsulated Post Script）格式是 Illustrator 和 Photoshop 之间可交换的文件格式。Illustrator 软件制作出来的图像一般存储为这种格式。Photoshop 可以获取这种格式的文件，也可以把其他图形文件存储为这种格式。

7. 选择合适的图像文件存储格式

（1）印刷：TIFF、EPS。

（2）出版物：PDF。

（3）Internet 图像：GIF、JPEG、PNG。

（4）Photoshop CS6 工作：PSD、PDD、TIFF。

四、制作向导

步骤 1 启动 Photoshop CS6，选择"文件"→"新建"命令，新建一个文件，开本大小为 210×285 mm，分辨率为 72 像素/英寸，颜色模式为 RGB，背景色为白色，文件名为"水果店宣传单"。

步骤 2 另新建一个文件，大小为 230×230 像素，分辨率为 72 像素/英寸，颜色模式为 RGB，背景色为透明，文件名为"填充图案"。

步骤 3 打开"素材"文件夹下的"素材 1.psd"，选择喜欢的图标拖入文件，随意分布；按〈Ctrl + A〉快捷键全选，选择"编辑"→"定义图案"命令，命名为"图案背景"。

步骤 4 回到文件"水果店宣传单",新建图层,重命名为"背景底纹";选择"编辑"→"填充"命令,选择之前定义的"图案背景",单击"确定"按钮;降低图层透明度为9%。

步骤 5 打开"素材 2.psd"文件,选择"图像"→"调整"→"阈值"命令,将阈值色阶的值修改为190。

步骤 6 保持当前工作文件为"素材 2.psd",选择"编辑"→"定义画笔预设"命令,将文件中图像定义为画笔。

步骤 7 返回"水果店宣传单"文件新建图层,重命名为"左边框",使用"钢笔工具"在文件左边绘制一条曲线路径,如图2-27所示;选择"自定义画笔",根据需要设置画笔的间距、形状动态及两轴散布;选择"路径"面板,右击绘制的路径,选择"描边路径",在弹出的对话框中选择画笔。最终效果如图2-28所示。

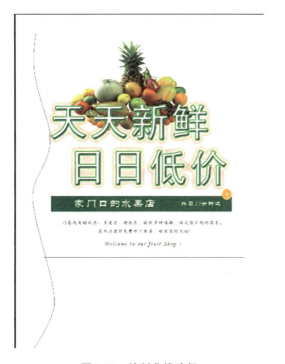
图2-27 绘制曲线路径

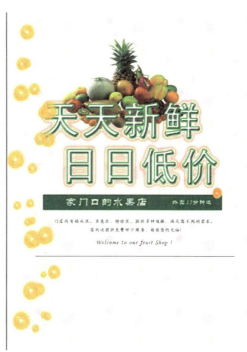
图2-28 步骤7效果

步骤 8 复制图层,重命名为"右边框",根据效果调整位置与大小。

步骤 9 新建组并重命名为"标志",新建图层并重命名为"底",选择"椭圆选框工具",绘制椭圆,填充颜色为#e0853e;新建图层并重命名为"面",选择"椭圆选框工具",绘制稍小的椭圆,填充颜色为#f8de83。

步骤 10 载入素材中的字体"迷你简卡通",在"标志"组内选择"横排文字工具",输入"呀咪",修改字体为"迷你简卡通";继续选择"横排文字工具",输入"水果店",字体设置为宋体。标志最终效果如图2-29所示。

图2-29 标志最终效果

载入字体的方式在任务1中已有详细描述，这里不再介绍。

步骤11 选择"横排文字工具"，颜色设置为白色，输入"天天新鲜""日日低价"，建立两个新的文字图层。

步骤12 为这两个文字图层添加"斜面""浮雕""描边""外发光"效果，具体参数设置分别参考图2-30、2-31、2-32所示。最终效果如图2-33所示。

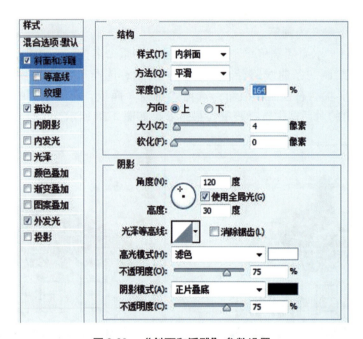

图2-30 "斜面和浮雕"参数设置

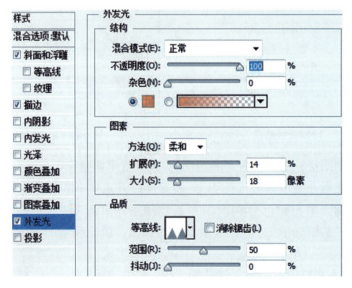

图2-31 "外发光"参数设置

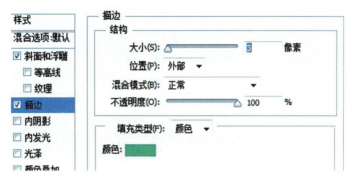

图 2-32 "描边"参数设置

图 2-33 文字最终效果

步骤 13 新建图层,重命名为"绿条",选择"矩形选框工具",设置前景色为 #246f03,绘制矩形,并填充前景色。

步骤 14 新建图层,重命名为"绿条装饰",用"矩形选框工具"在文件其他图层中截取一个"小橙子"图标,复制粘贴到"绿条装饰"图层中,放置于绿条的右上角。

步骤 15 选择"横排文字工具",设置文字颜色为白色、字体为华文隶书,输入"家门口的水果店",文字大小设置为 35 点;输入"外卖 15 分钟达",文字大小设置为 20 点,置于绿色矩形条内。

步骤 16 选择"横排文字工具",设置文字颜色为黑色、字体为楷体、大小为 15 点,居中对齐文本,输入促销广告词,放置在绿色矩形条下。

步骤 17 选择"横排文字工具",设置文字颜色为黑色、字体为华文隶书、大小为 20 点,输入"Welcome to our fruit shop!",放置在促销词下。

步骤 18 新建图层,重命名为"分隔线",选择"直线工具",设置前景色为黑色、2 个像素,在英文下绘制一条黑色直线。

步骤 19 新建"门店地址"组,选择"横排文字工具",设置文字颜色为黑色、字体为黑体、大小为 25 点,输入文字"门店地址"。

步骤 20 打开"素材 3.jpg"文件,选择主体水果文件,分别拖入"门店地址"组中。

步骤 21 按水果名称修改图层文件名,分别命名为"无花果""橙子""黄桃"。

步骤 22 新建三个图层,分别重命名为"无花果内""橙子内""黄桃内";选用合适的选择工具,将水果中的果肉部分选中粘贴到这三个新建的图层中。

步骤 23 打开"素材 4.jpg""素材 5.jpg""素材 6.jpg"文件,将门店图片拖入"门店地址"组中并调整大小,再将图层改名为"门店一""门店二""门店三"。

步骤 24 按"门店一""无花果内""无花果"这样的顺序重新排列"门店地址"组内的图层,图层顺序如图 2-34 所示。

步骤 25 右键单击"门店一"图层,选择"创建剪贴蒙版",移动门店一的图片,在无花果图框内显示合适图像;按同样的方法完成另外两个水果门店图片的设置。最终效果如图 2-35 所示。

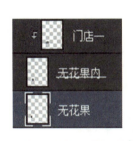

图 2-34　排列门店地址　　　　图 2-35　剪贴蒙版最终效果

步骤 26 在"门店地址"组内选择"横排文字工具",分别输入门店地址和联系方式。

五、技巧点拨

图层剪贴蒙版的效果也可以用图层蒙版实现。

项目总结

本项目旨在让大家学会自定义图案填充钢笔工具、图层样式、文字样式、蒙版、通道、路径等应用。如学会自定义图案并进行填充,以增加作品效果的丰富性;使用钢笔工具绘制曲线路径,并使用增加锚点、减少锚点、转换点工具进行调整等;会使用直接选择工具调整路径锚点;掌握在路径面板中对路径进行转换为选区、描边等;能利用图层样式对图像及文字进行效果修饰;会创建利用属性变形文字;会使用蒙版和通道,设计一些简单的特效。通过本项目的学习,可以培养学生简单的版面排布和设计、良好的色彩搭配等能力。

实战演练

根据项目内容,任选一个主题,设计一张 A4 大小的宣传单。例如,可以选择为零售店、健身房、面包店等设计宣传单。

课后习题

一、单选题

1. 图层蒙版可以控制图层的（　　）。
   A. 混合　　　　　B. 显示隐藏　　　C. 混合颜色带　　D. 特效

2. 图层面板下方图标 fx 表示（　　）。
   A. 混合选项　　　B. 图层性质　　　C. 复制图层　　　D. 图层蒙版

3. 在图层蒙版中单独移动蒙版，下列操作正确的是（　　）。
   A. 首先双击图层，然后选择移动工具
   B. 用移动工具直接拖拉
   C. 首先要解掉图层与蒙版之间的锁，删除图层后即可
   D. 首先要解掉图层与蒙版之间的锁，再选择蒙版，然后选择移动工具即可

4. 羽化命令用于柔化选区边缘，羽化值越大，边缘就越柔和。羽化半径像素值最小值和最大值分别为（　　）。
   A. 0.1/250　　　B. 0.2/200　　　C. 0.2/250　　　D. 2/250

5. 图中的文字变形效果是由创建变形文本工具完成的，该效果采用的选项是（　　）。

   A. 鱼形　　　　　B. 膨胀　　　　　C. 凸起　　　　　D. 鱼眼

二、多选题

1. 单击"添加图层样式"按钮，在弹出的菜单中的命令有（　　）。
   A. 投影　　　　　B. 斜面和浮雕　　C. 光泽　　　　　D. 描边

2. 通道的三种类型为（　　）。
   A. 颜色信息通道　B. 专色通道　　　C. Alpha 通道　　D. 灰度通道

3. 钢笔工具组主要工具包括（　　）。
   A. 添加锚点　　　B. 删除锚点　　　C. 转换点　　　　D. 自由钢笔

4. 转换点工具的主要作用有（　　）。
   A. 将平滑点转换成角点　　　　　　B. 将角点转换成平滑点
   C. 调整曲线方向　　　　　　　　　D. 删除路径

5. 下列关于选区羽化的描述正确的有（　　）。
   A. 可以绘制好选区后，再设置属性栏上的羽化值
   B. 要使用属性栏上的羽化参数，必须在绘制选区前就设置好

C. 使用羽化效果可以使边缘呈现逐步透明的效果
D. 羽化值越大，羽化效果越明显

三、判断题

1. 相邻两个图层创建剪贴蒙版后，上面图层显示的形状受下面图层的控制。（　　）
2. 文字变形对话框中提供了很多种变形样式，旗帜不是样式菜单所提供的。（　　）
3. 当路径上所有锚点全部显示为黑色时，表示该路径已被选中。（　　）
4. "拷贝图层样式"和"粘贴图层样式"命令是对多个图层应用相同样式效果的快捷方式。（　　）
5. 背景图层也能创建蒙版。（　　）

项目三 杂志排版设计

杂志排版设计

项目分析

设计杂志版面要求有良好的色彩搭配意识、合理的框架结构意识、强烈的视觉营销意识，并且能熟练掌握与操作 Photoshop 的基础工具。

在任务1的《流浪地球》杂志版面的标题设计中，为了突出科幻未来的感觉，通过运用文字工具、路径与选区的转换等工具来丰富画面效果，形成特殊的文字表现力；在任务2的正文版式设计中，运用不同的文字类型及文字工具属性栏的设置，对杂志内容进行整体排版，利用路径文字、路径变形文字等，对版面进行修饰与设计。

任务1 制作杂志版面标题字

一、任务要求

本任务要设计制作杂志版面的标题字。因为软件自带字体并不多样，所以为了让版式更加新颖独特，标题更加抓人眼球，要求学会在采用原有字体的基础上，进行文字的创新，并运用基础工具进行设计与修改。

二、效果展示

如图3-1所示为A4杂志版面，图中标题文字富有设计感，笔锋锐利而圆润，每个字都能突出重点，这是软件字体所不能达到的效果。

图 3-1 杂志封面标题设计效果图

三、知识链接

1. 版面

版面是指印刷好的页张，包括图文、余白整个部分；也指书报杂志上每一页的整面或书报杂志的每一面上文字图画的编排形式。版面是各类稿件在报纸上编排布局的整体产物，是读者第一接触到的对象。

2. 路径

路径是 Photoshop 中的重要工具，其主要用于进行光滑图像选择区域及辅助抠图，绘制光滑线条，定义画笔等工具的绘制轨迹，输出输入路径及和选择区域之间进行转换。在辅助抠图上，它突出显示了强大的可编辑性，具有特有的光滑曲率属性，与通道相比，有着更精确、更光滑的特点。

路径是可以转换为选区或者使用颜色填充和描边的轮廓。通过编辑路径的锚点，可以很方便地改变路径的形状。

四、制作向导

步骤1 启动 Photoshop CS6，选择"文件"→"新建"命令，新建一个文件 A4 大小，分辨率为 72 像素/英寸，颜色模式为 CMYK，背景为白色，文件名为"流浪地球杂志封面"。

步骤2 选择"横排文字工具"，输入标题"流浪地球"，文字设置为微软雅黑、110磅、黑色，具体参数设置如图 3-2 所示。

图 3-2　文字属性参数设置

步骤3 按住〈Ctrl〉键，同时选中文本图层缩略图，如图 3-3 所示；激活文字选区，效果如图 3-4 所示。

图 3-3　文本图层缩略图　　　　　　　图 3-4　激活文字选区

步骤4 单击"路径"面板右上方 图标，在下拉菜单中选择"建立工作路径"，在弹出的对话框中默认容差为 2 个像素，单击"确定"按钮，将选区转换成路径。

> **注意事项**
>
> 对话框中，"容差"为转换时的误差允许范围，数值越小越精确，路径上的锚点越多，如图 3-5 和图 3-6 所示。

图 3-5　容差为 1 像素　　　　　　　图 3-6　容差为 2 像素

> **技巧点拨**
>
> 激活选区后，单击"路径"面板下的"从选区生成工作路径"按钮，也可以完成选区到路径的转换。

步骤5 新建"图层1",隐藏文本图层,如图3-7所示。

图3-7 图层面板显示

步骤6 选择"钢笔工具",按住〈Ctrl〉键,单击"流"字路径,显出锚点,效果如图3-8所示。

图3-8 显出锚点

步骤7 选择"删除锚点工具",删除"流"字三点水相应位置的锚点,对其单独修改,如图3-9所示。

> **技巧点拨**
>
> 选择"钢笔工具"(图3-10),鼠标停留在已有锚点上(图3-11),"钢笔工具"图标转换成"删除锚点工具",单击锚点,可直接将其删除。

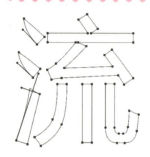  

图3-9 删除锚点效果   图3-10 钢笔工具图标   图3-11 鼠标停留在已有锚点上

步骤 8 选择"转换点工具",拖动锚点上的调节杆改变线段弧度。

> **技巧点拨**
> 选择"钢笔工具",按住〈Alt〉键,鼠标停留在已有调节杆上,"钢笔工具"图标转换成"转换点工具",可直接进行弧度变换,如图 3-12 所示。

图 3-12 光标变换

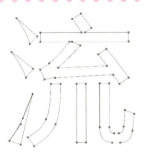
图 3-13 弧度变换效果

步骤 9 按住〈Ctrl〉键,移动锚点至合适位置,利用"转换点工具",改变线段弧度,如图 3-13 所示。

步骤 10 使用相同方法,完成部分笔画的制作。修改前后的效果如图 3-14、3-15、3-16 所示。

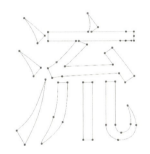
图 3-14 移动锚点前效果

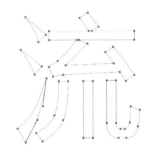
图 3-15 移动锚点,改变弧度后效果

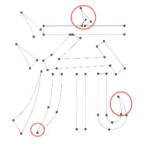
图 3-16 修改笔画效果

步骤 11 如图 3-17 所示,选择"添加锚点工具",单击路径并按住鼠标左键,向左拖拽鼠标,建立曲线锚点①②③;选择"删除锚点工具",删除锚点④⑤。添加和删除锚点的效果如图 3-18、3-19 所示。

图 3-17 锚点示意图

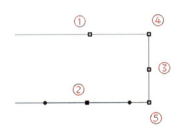
图 3-18 添加锚点效果

图 3-19 删除锚点效果

> **技巧点拨**
>
> 选择"钢笔工具",鼠标停留在路径上,会变成"添加锚点工具",可直接添加锚点;鼠标停留在已有锚点上,会变成"删除锚点工具",可直接删除锚点。
>
> 由此可见,选择"钢笔工具"可直接添加锚点、删除锚点,按住〈Alt〉键变成"转换点工具",无须多次切换工具。

步骤 12 选择"钢笔工具",按住〈Ctrl〉键激活曲线,如图 3-20 所示;按住〈Alt〉键拖拽调节杆,调整曲线,将文字的直角变成圆弧,如图 3-21 所示。

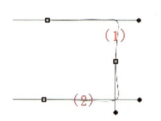
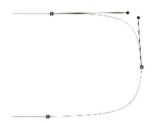

图 3-20　激活曲线示意图　　　　　图 3-21　曲线调整后的效果

步骤 13 使用相同方法,完成部分路径的修改制作效果,如图 3-22、3-23 所示。

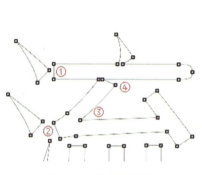
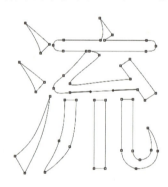

图 3-22　修改示意图　　　　　图 3-23　修改后的效果

步骤 14 通过添加锚点、删除锚点、调整调节杆的方式对"流"字进行最后修改,效果如图 3-24、3-25 所示。

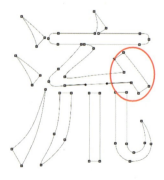
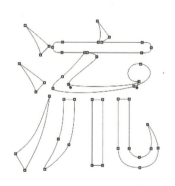

图 3-24　修改示意图　　　　　图 3-25　修改后的效果

步骤 15 运用相同方法,依次选中"浪""地""球"路径,进行标题修改,效果如图 3-26 所示。

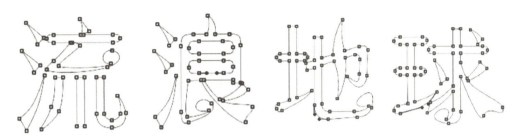

图 3-26 标题修改后的效果

步骤 16 单击"路径"面板右上方 图标,在下拉菜单中选择"建立选区",在弹出的对话框中默认羽化半径为 0 像素,消除锯齿,新建选区,单击"确定"按钮,将路径转换成选区。效果如图 3-27 所示。

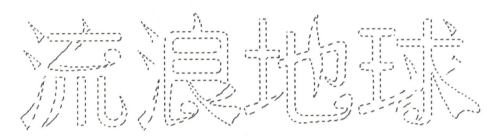

图 3-27 路径变成选区效果

> **技巧点拨**
>
> 单击"路径"面板下的"将路径作为选区载入"按钮,也可以完成路径到选区的转换。

步骤 17 选中"图层 1",将选区填充为白色,如图 3-28 所示。

图 3-28 图层选择

步骤 18 置入图片 bj.jpg,调整图层顺序,使其位于"图层 1"之下,如图 3-29 所示。

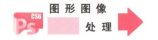

图 3-29 调整图层顺序

步骤 19 将标题"流浪地球"自由变化大小,调整至合适位置,如图 3-30 所示。

图 3-30 杂志标题设计整体效果

步骤 20 文件存储为"流浪地球.psd"。

任务 2 | 设计杂志整体版面

一、任务要求

本任务要设计杂志整体版面。利用字符和段落工具,对文字内容进行编辑,对副标题进行路径文字的编辑。

二、效果展示

如图 3-31 所示为 A4 杂志版面，图中主体选用普遍式排版，利用路径文字进行了副标题编辑，时尚简约，突出主题。

图 3-31　杂志整体版面效果

三、知识链接

1. 路径工具

Photoshop 中提供了一组用于生成、编辑、设置路径的工具组，它们位于 Photoshop 的工具箱浮动面板中，默认情况下，其图标呈现为"钢笔图标"。使用鼠标左键单击此处图标保持两秒钟，系统将会弹出隐藏的工具组，主要有：钢笔工具、自由钢笔工具、添加锚点工具、删除锚点工具、转换点工具。

2. 路径面板

路径作为平面图像处理中的一个要素，起着非常重要的作用。它和通道图层一样，在 Photoshop 中也提供了一个专门的控制面板——路径控制面板。路径控制面板主要由系统按钮区、路径控制面板标签区、路径列表区、路径工具图标区、路径控制菜单区构成。

3. 路径工具图标区

填充路径：将当前的路径内部完全填充为前景色。

勾勒路径：使用前景色沿路径的外轮廓进行边界勾勒。

路径转换为选区：将当前被选中的路径转换成我们处理图像时用以定义处理范围的选择区域Ⅰ。

选区转换为路径：将选择区域转换为路径。

新建路径层工具：用于创建一个新的路径层。

删除路径层工具：用于删除一个路径层。

4. 路径工具实用操作

路径工具实用操作见表3-1。

表3-1 路径工具实用操作

钢笔工具	作 用
按下〈Ctrl〉键的同时单击路径	激活曲线
按下〈Ctrl〉键的同时拖动锚点	移动锚点
停留在已有锚点上	删除锚点
停留在路径上	新增锚点
按下〈Alt〉键，停留在已有控制杆上	变成转换点工具
按下〈Alt〉键并拖动控制点把手	在设置下一个点之前改变第二个把手的方向并调整曲线
按下〈Ctrl〉键并拖动控制点把手	在设置下一个点之前改变两个把手的方向并调整曲线
按下〈Ctrl + Enter〉快捷键	路径转换成选区

四、制作向导

步骤1 启动 Photoshop CS6，选择"文件"→"打开"命令，打开"流浪地球.psd"。

技巧点拨

打开文件的多种方式：

→〈Ctrl + O〉快捷键；

→双击 Photoshop 空白操作界面，弹出"打开"对话框，选择文件后单击"打开"按钮；

→拖拽文件到 Photoshop 操作界面中。

步骤2 选择"矩形工具"，拖拽出矩形形状，填充白色背景。

步骤 3 选中"矩形 1",调整图层不透明度为 60%,参数设置如图 3-32 所示,效果如图 3-33 所示。

图 3-32 不透明度调整

图 3-33 不透明度调整后效果

步骤 4 复制"矩形 1",对于"矩形 1 副本"不填充颜色,设置描边为 3 点白色,完成文字背景框的制作,参数设置如图 3-34 所示,效果如图 3-35 所示。

图 3-34 矩形调整

图 3-35 矩形调整效果

步骤 5 利用"横排文字工具",拖拽出合适的文本框,如图 3-36 所示;打开文件"流浪地球文字素材",将文字素材复制,设置文字:字体为微软雅黑、大小为 16 磅、行距为 30 磅、加粗、黑色。效果如图 3-37 所示。

图 3-36　横排文字文本框　　　　图 3-37　文本文字排版效果

步骤 6　使用"钢笔工具",在地球边缘绘制路径,效果分别如图 3-38、3-39、3-40 所示。

图 3-38　路径起点　　　　图 3-39　路径终点　　　　图 3-40　曲线调整

步骤 7　使用"横排文字工具",在路径上绘制路径文字"WANDERING EARTH", 如图 3-41 所示;设置文字:字体为微软雅黑、大小为 30 磅、行距为 30 磅、加粗、白色。 效果如图 3-42 所示。

图 3-41　绘制路径文字　　　　图 3-42　路径文字效果

步骤8　将文件存储为"流浪地球.jpg"。

项目总结

本项目旨在学会钢笔工具、文字工具的使用，例如，钢笔工具中的增加锚点、减少锚点、转换点工具等；文字工具中的段落文字、路径文字、文字属性等。通过本项目的学习，学生版面排版的整体视觉构架能力和色彩搭配能力都将得到提高。

实战演练

根据项目内容，任选一个主题，完成一张 A4 杂志排版设计。

课后习题

一、单选题

1. 使用钢笔工具，不可进行的操作是（　　）。
   A. 将其转化为选区　　　　　　B. 绘制一些复杂的图案
   C. 插入文字　　　　　　　　　D. 绘制图形
2. 在路径曲线线段上，方向线和方向点的位置决定了曲线段的（　　）。
   A. 角度　　　　B. 形状　　　　C. 方向　　　　D. 像素
3. 文字输入完成后，单击属性栏中的  按钮，输入的文字将（　　）。
   A. 编辑　　　　B. 保留　　　　C. 取消　　　　D. 裁剪
4. 选择"钢笔工具"，按住（　　）键，鼠标停留在已有调节杆上，"钢笔工具"图标转换成"转换点工具"，可直接进行弧度变换。
   A. Alt　　　　B. Shift　　　　C. Ctrl　　　　D. Alt + Ctrl
5. 选择"钢笔工具"，按住（　　）键激活曲线。
   A. Alt　　　　B. Shift　　　　C. Ctrl　　　　D. Alt + Ctrl

二、多选题

1. 转换点工具的主要作用有（　　）。
   A. 将平滑点转换成角点　　　　B. 将角点转换成平滑点
   C. 调整曲线方向　　　　　　　D. 删除路径
2. 当不需要选区中的图像时，删除当前选区中选中的图像内容的方法有（　　）。
   A. "编辑/清除"命令　　　　　B. 按〈Delete〉键
   C. "编辑/剪切"命令　　　　　D. "编辑/粘贴"命令
3. 在 Photoshop CS6 中，可以对文字进行的格式设置有（　　）。
   A. 上标　　　　B. 下标　　　　C. 下划线　　　　D. 删除线
4. 打开文件的方式有（　　）。

A. 按〈Ctrl+O〉快捷键

B. 双击 Photoshop 空白操作界面，弹出"打开"对话框，选择文件并打开

C. 拖拽文件到 Photoshop 操作界面中

D. 选择"文件"→"打开"菜单命令

5. 选区变成路径的方法有（　　）。

A. 单击"路径"面板右上方 图标，在下拉菜单中选择"建立工作路径"

B. 按〈Ctrl+Enter〉快捷键

C. 单击"路径"面板下的按钮

D. 单击"图层"面板下的按钮

三、判断题

1. 图层面板上的眼睛图标用于打开或隐藏图层中的内容。（　　）

2. 输入文字后，会自动产生一个新的文字图层。（　　）

3. RGB 普遍用于印刷，CMYK 则用于电视、计算机等的屏幕显示。（　　）

4. 在选区转换成路径的对话框中，"容差"为转换时的误差允许范围，数值越小越精确，路径上的锚点越少。（　　）

5. 选择"钢笔工具"，鼠标停留在已有锚点上，"钢笔工具"图标转换成"删除锚点工具"，单击锚点可直接将其删除。（　　）

项目四 广告设计

广告设计

项目分析

广告既是一种商业手段，也是一种文化推广，优秀的广告能巧妙地把自己的商业动机乃至商业性质隐藏起来，借助于文化与美学，用各种修辞手段与叙述技巧来包装自己，实现营销目的。平面广告设计是利用图像、文字、色彩、版面、图形等二维视觉元素，通过相关设计软件，为实现表达广告目的和意图所进行平面艺术创意的一种设计活动或过程。

Photoshop 作为平面广告设计软件中的佼佼者，由于功能强大，性能稳定，使用方便，可以为各类商品广告创意实现完美的效果。本项目通过牛奶广告和运动鞋广告制作两个任务，与大家分享 Photoshop 广告设计与制作技巧。

牛奶广告设计中，最吸引消费者眼球的莫过于那些萌萌的文字。这些文字选择了合适的汉字字型，巧妙利用 Photoshop 图层样式编辑和剪贴蒙版制作技巧，精心设计编排出富有趣味且不落俗套的效果。画面选择天蓝色做底色，配以浓浓牛奶飞溅的画面，然后打出广告词"莫里斯安，自然好牛奶！"，让人不禁联想到这是一款纯正自然、口感美味的牛奶，让人想要品尝一番，产生了强烈的购买欲望。

运动鞋广告极具创意。画面中草坪螺旋变形，运动鞋斜靠在螺旋草坪上，使整个画面较为夸张，给人视觉冲击；再配以清新的蓝底，加入城市、树、落叶、降落伞、鸽子、轻松跑步的人等元素，又给人唯美清新的视觉感受，同时直观地表现出运动鞋的适用人群及出色的舒适性。

任务1 设计制作牛奶广告

一、任务要求

本任务要设计制作牛奶广告。通过完成该案例的制作，同学们需要掌握图层样式编辑、图层剪贴蒙版的使用和自定义形状的绘制。

二、效果展示

如图 4-1 所示为牛奶广告效果图，图片色彩清新，文字设计富有趣味，吸引眼球。

图 4-1　牛奶广告效果图

三、知识链接

1. 图层样式编辑

图层样式是应用于一个图层或图层组的一种或多种效果，可以应用 Photoshop 附带提供的某一种预设样式，或者使用"图层样式"对话框中的功能来创建自定样式。图层效果图标 *fx* 将出现在"图层"面板中图层名称的右侧，可以在"图层"面板中展开样式，以便查看或编辑合成样式的效果。图层样式效果如图 4-2 所示。

图 4-2　多种应用效果的图层的图层面板
1—图层效果图标；2—单击以展开和显示图层效果；3—图层效果

(1) 应用或编辑自定图层样式。

从"图层"面板中选择单个图层，执行下列操作之一：

① 双击该图层（在图层名称或缩览图的外部）。

② 单击"图层"面板底部的"添加图层样式"图标，并从列表中选取效果。

③ 从"样式"→"图层样式"子菜单中选取效果。

要编辑现有样式，请双击"图层"面板中的图层名称下方显示的效果；单击"添加图层样式"图标旁边的三角形可显示样式中包含的效果。在"图层样式"对话框中设置效果选项，请参阅"图层样式选项"。

(2) 图层样式选项。

高度：对于"斜面和浮雕"效果，设置光源的高度。值为 0 表示底边，值为 90 表示图层的正上方。

角度：确定效果应用于图层时所采用的光照角度。可以在文档窗口中拖动以调整"投影""内阴影""光泽"效果的角度。

消除锯齿：混合等高线或光泽等高线的边缘像素。此选项在具有复杂等高线的小阴影上使用最有用。

混合模式：确定图层样式与下层图层（可以包括也可以不包括现用图层）的混合方式。例如，内阴影与现用图层混合，因为此效果绘制在该图层的上部，而投影只与现用图层下的图层混合。在大多数情况下，每种效果的默认模式都会产生最佳结果。

阻塞：模糊之前收缩"内阴影"或"内发光"的杂边边界。

颜色：指定阴影、发光或高光。可以单击颜色框并选取颜色。

等高线：使用纯色发光时，等高线允许创建透明光环。使用渐变填充发光时，等高线允许创建渐变颜色和不透明度的重复变化。在斜面和浮雕中，可以使用等高线勾画在浮雕处理中被遮住的起伏、凹陷和凸起。使用阴影时，可以使用等高线指定渐隐。有关更多信息，请参阅用等高线修改图层效果。

距离：指定阴影或光泽效果的偏移距离。可以在文档窗口中拖动以调整偏移距离。

深度：指定斜面深度。该选项还指定图案的深度。

使用全局光：可以使用此选项来设置一个"主"光照角度，此角度可用于使用阴影的所有图层效果"投影""内阴影""斜面和浮雕"。在这些效果中，如果选中"使用全局光"并设置一个光照角度，则该角度将成为全局光源角度。选定了"使用全局光"的任何其他效果将自动继承相同的角度设置。如果取消选择"使用全局光"，则设置的光照角度将成为局部的并且仅应用于该效果。也可以通过执行"图层样式"→"全局光"命令来设置全局光源角度。

光泽等高线：创建有光泽的金属外观。"光泽等高线"是在为斜面或浮雕加上阴影效果后应用的。

渐变：指定图层效果的渐变。单击"渐变"以显示"渐变编辑器"，或单击倒箭头并从弹出面板中选取一种渐变。可以使用渐变编辑器编辑渐变或创建新的渐变。在"渐变叠加"面板中，可以像在渐变编辑器中那样编辑颜色或不透明度。对于某些效果，可以指定附加的渐变选项。"反向"是指翻转渐变方向，"与图层对齐"使用图层的外框来计算渐变填充，而"缩放"则缩放渐变的应用。还可以通过在图像窗口中单击和拖动来移动渐变中心。"样式"指定渐变的形状。

高光或阴影模式：指定斜面或浮雕高光，或阴影的混合模式。

抖动：改变渐变的颜色和不透明度的应用。

杂色：指定发光或阴影的不透明度中随机元素的数量。通过输入值或拖动滑块设置。

不透明度：设置图层效果的不透明度。通过输入值或拖动滑块。

位置：指定"描边"效果的位置是"外部"、"内部"还是"居中"。

范围：控制发光中作为等高线目标的部分或范围。

大小：指定"模糊"的半径和大小或阴影大小。

软化："模糊阴影"效果可减少多余的人工痕迹。

源：指定"内发光"的光源。选取"居中"以应用从图层内容的中心发出的光，或选取"边缘"以应用从图层内容的内部边缘发出的光。

扩展：在模糊之前扩大杂边边界。

样式："内斜面"在图层内容的内边缘上创建斜面；"外斜面"在图层内容的外边缘上创建斜面；"浮雕效果模拟"使图层内容相对于下层图层呈浮雕状的效果；"枕状浮雕模拟"将图层内容的边缘压入下层图层中的效果；"描边浮雕"将浮雕限于应用于图层的描边效果的边界。如果未将任何描边应用于图层，则"描边浮雕"效果不可见。

方法："平滑""雕刻清晰""雕刻柔和"可用于斜面和浮雕效果；"柔和""精确"应用于内发光和外发光效果。

平滑：稍微模糊杂边的边缘，可用于所有类型的杂边，不论其边缘是柔和的还是清晰的。此技术不保留大尺寸的细节特征。

雕刻清晰：使用距离测量技术，主要用于消除锯齿形状（如文字）的硬边杂边。它保留细节特征的能力优于"平滑"技术。

雕刻柔和：使用经过修改的距离测量技术，虽然不如"雕刻清晰"精确，但对较大范围的杂边更有用。它保留特征的能力优于"平滑"技术。

柔和：柔和可用于所有类型的杂边，不论其边缘是柔和的还是清晰的。"柔和"不保留大尺寸的细节特征。

（3）复制图层样式。

在图层之间复制图层样式的步骤如下：

① 从"图层"面板中选择包含要拷贝的样式的图层。

② 执行"图层"→"图层样式"→"拷贝图层样式"命令。

③ 从面板中选择目标图层，然后执行"图层"→"图层样式"→"粘贴图层样式"命令。

（4）粘贴的图层样式将替换目标图层上的现有图层样式。

通过拖动在图层之间复制图层样式，可执行下列操作之一：

① 在"图层"面板中，按住〈Alt〉键（Windows）或〈Option〉键（Mac OS），并将单个图层效果从一个图层拖动到另一个图层以复制图层效果，或将"效果"栏从一个图层拖动到另一个图层也可以复制图层样式。

② 将一个或多个图层效果从"图层"面板拖动到图像，以将结果图层样式应用于"图层"面板中包含放下点处的像素的最高图层。

2. 图层剪贴蒙版

剪贴蒙版是 Photoshop 中的一条命令，也称剪贴组，该命令是通过使用下方图层的形状来限制上方图层的显示状态，达到一种剪贴画的效果，即"下形状上颜色"。

注意事项

显示层与形状层紧邻，显示层处于上方。

创建剪贴蒙版有下列 3 种方法（释放剪贴蒙版同理）：

方法一：打开"图层""→""创建剪贴蒙版"，按快捷键〈Alt + Ctrl + G〉。

方法二：按住〈Alt〉键，在两个图层中间出现图标后点左键。

方法三：右键单击显示图层，出现创建剪贴蒙版选项。

建立剪贴蒙版后，上方图层缩略图缩进，并且带有一个向下的箭头，如图 4-3 所示。

图 4-3 创建剪贴蒙版的图层

四、制作向导

步骤 1 启动 Photoshop CS6，选择"文件"→"新建"命令，在弹出的"新建"对话框中新建文件，设置宽度为 4000 像素，高度为 3600 像素，分辨率为 72 像素/英寸，颜色模式为 RGB，背景为透明，文件名为"牛奶广告制作"，如图 4-4 所示。

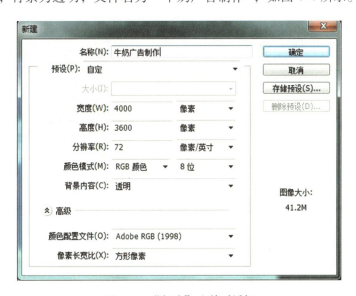

图 4-4 "新建"文件对话框

步骤 2 打开素材图片"牛奶溅.png"，使用移动工具，将牛奶飞溅图片移动到新建的"牛奶广告制作"文件中，调整位置，效果如图 4-5 所示。

图 4-5　加入素材牛奶飞溅效果

步骤 3　新建"图层 2",填充蓝色(#3c58b2),调整图层 2 至图层 1 下方,效果如图 4-6 所示。

图 4-6　图层及画面效果

步骤 4　新建"图层 3",使用"渐变填充工具",设置渐变颜色#b5ceee 至透明,采用"径向渐变"方式,如图 4-7 所示。填充效果如图 4-8 所示。

图 4-7　渐变设置

项目四 广告设计

图 4-8　填充后图层及画面效果

步骤 5　新建"文字图层",输入文字"莫里斯安",文字设置为白色、琥珀字体,文字中间留两个空格,调整文字大小,旋转文字,效果如图 4-9 所示。

图 4-9　输入文字后图层及画面效果

步骤 6　选择"自定义形状工具",在工具栏上点击图标 右侧倒三角形箭头,在下拉面板右侧点击图标 ,在选项中选择"全部",将所有形状加载进自定义形状面板,如图 4-10 所示。

65

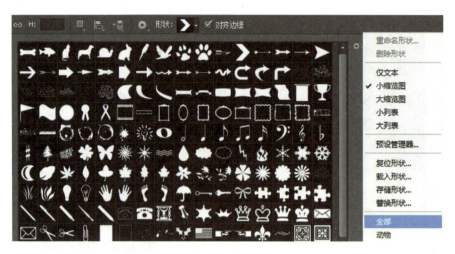

图 4-10 加载所有自定义形状

> **注意事项**
>
> 当"自定义形状"面板的形状工具太少时,我们可以使用步骤 6 的方法将所有的自定义形状载入。

步骤 7 在"自定义图形"面板选择星形图标,在文字中间绘制白色五角星,并调整大小和位置,如图 4-11 所示。

图 4-11 绘制五角星后图层及画面效果

步骤 8 按住〈Alt〉键,单击拖拽"莫里斯安"文字图层,复制生成新的文字图层。使用文本工具修改文字为"自然好牛奶!",调整文字大小和位置,效果如图 4-12 所示。

项目四 广告设计

图4-12　输入"自然好牛奶！"文字后图层及画面效果

步骤9　在图层面板中选中"莫里斯安"文字图层，双击打开"图层样式"面板，勾选"斜面和浮雕"，设置参数如下：样式为"内斜面"，方法为"平滑"，深度为52%，大小为50像素，阴影角度为135度，高度为35度，高光模式为"滤色"，阴影颜色选择蓝色(#1339b4)，不透明度为100%。参数设置及效果如图4-13所示。

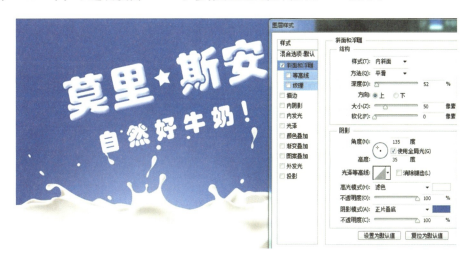

图4-13　"斜面和浮雕"参数设置及效果

注意事项

通过调整"斜面和浮雕"参数，使文字呈现萌萌的牛奶字效果，可尝试自行调整参数，加深对图层样式选项的理解。

67

步骤 10 在"莫里斯安"文字图层的"图层样式"面板中勾选"外发光",设置参数如下:混合模式为"滤色",不透明度为 75%,颜色为蓝色(#3c58b2),方法为"柔和",扩展为 16%,大小为 103。参数设置及效果如图 4-14 所示。

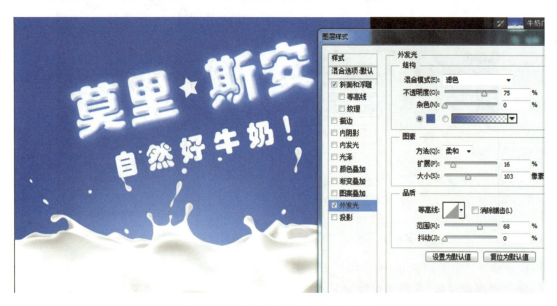

图 4-14 "外发光"参数设置及效果

步骤 11 在图层面板上右击"莫里斯安"文字图层,在弹出的面板中选择"拷贝图层样式",然后右击"五角星"图层,在弹出的面板上选择"粘贴图层样式",效果如图 4-15 所示。

图 4-15 拷贝、粘贴图层样式及效果

步骤 12 继续在图层面板上右击"自然好牛奶!"文字图层,在弹出的面板上选择"粘贴图层样式",效果如图 4-16 所示。

项目四 广告设计

图 4-16 粘贴图层样式及效果

步骤 13 按〈Ctrl〉键同时单击图层 1，得到"牛奶溅"选区；新建"图层 4"，填充浅蓝色（#7384bc），取消选区，效果如图 4-17 所示。

图 4-17 填充浅蓝色后图层及效果

步骤 14 将图层 4 移动至"莫里斯安"文字图层上方，选择"编辑"→"变换"→"垂直翻转"命令，将浅蓝色"牛奶溅"图片垂直翻转。使用移动工具将翻转后的浅蓝色"牛奶溅"图片移动至"莫里斯安"文字图层上方，按〈Ctrl + T〉快捷键，旋转图片并调整位置。效果如图 4-18 所示。

69

图 4-18　图片调整后图层及效果

步骤 15　按住〈Alt〉键，鼠标放置在图层 4 和"莫里斯安"文字图层中间，出现如图 4-19 所示的标志时单击鼠标，将图层 4 转换为"莫里斯安"文字图层的剪贴蒙版，效果如图 4-20 所示。

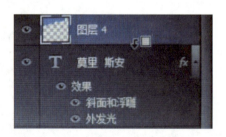

图 4-19　剪贴蒙版标志

图 4-20　创建剪贴蒙版后图层及效果

步骤 16 打开素材图片"牛奶盒.png",使用移动工具 将"牛奶盒"图片移至"牛奶广告制作"文件窗口,确保"牛奶盒"图层位于图层 1 的上方;按〈Ctrl + T〉快捷键调整图片大小和旋转角度,并移动位置。效果如图 4-21 所示。

图 4-21 加入"牛奶盒"图层及效果

步骤 17 关闭"牛奶盒"图层的可见性。选中图层 1,使用"套索工具"沿"牛奶溅"图片与"牛奶盒"图片重叠部分建立选区,效果如图 4-22 所示。

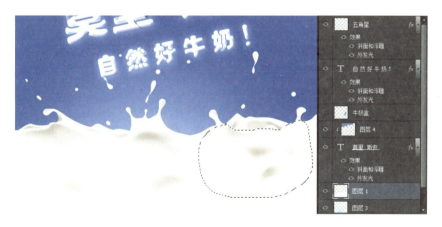

图 4-22 套索选区

步骤 18 使用〈Ctrl + C〉和〈Ctrl + V〉快捷键复制选区部分生成"图层 5",移动图层 5 至"牛奶盒"图层上方,开启"牛奶盒"图层的可见性,效果如图 4-23 所示。

图 4-23 牛奶盒插入牛奶后的效果

步骤 19 双击"牛奶盒"图层,打开"图层样式"面板,勾选"外发光",参数的设置及图片效果如图 4-24 所示。

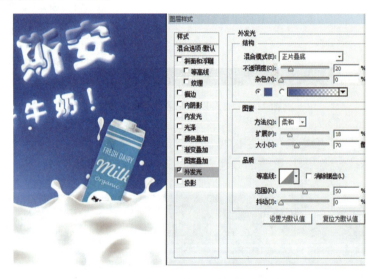

图 4-24 "外发光"参数设置及效果

步骤 20 保存"牛奶广告制作"文件,广告最终效果如图 4-25 所示。

图 4-25 广告最终效果

任务 2　设计制作运动鞋广告

一、任务要求

本任务给大家带来极具创意的运动鞋广告设计。通过完成该案例的制作，同学们需要掌握图层剪贴蒙版的灵活使用、滤镜"极坐标""光晕"的使用、各种抠图工具的使用和字体的下载和安装方法。

二、效果展示

如图 4-26 所示为运动鞋广告效果图，画面唯美清新，直观地展现了运动鞋的适用人群和出色的舒适性。

图 4-26　运动鞋广告效果图

三、知识链接

1. 剪贴蒙版的灵活使用

剪贴蒙版就相当于上面的图层只显示其下方图层存在的部分。使用方法参考本项目任务 1 的"知识链接"部分。在 Photoshop 中使用剪贴蒙版一般有以下三种情况：

（1）剪贴图片。

如果剪贴蒙版下方图层有背景的话，和一般图层操作没有什么区别，上方图层也只会显示在下方图层上面，遮盖住下方图层同位置的地方，如图 4-27 所示；如果下方图层除了主体外没有背景，上方图层的图像如果完全覆盖住下方图层，也只会显示下方图层的主体中有上方图层的图案，如图 4-28 所示。

图 4-27 下方图层有背景的剪贴蒙版效果

图 4-28 下方图层没有背景的剪贴蒙版效果

（2）调整图层。

可以将"曲线""色相/饱和度"的调整图层创建为某一图层的剪贴蒙版。通过设置调整图层的属性值达到影响下方图层的效果，效果如图 4-29 所示。也可以在图层旁边添加一个蒙版，使用黑白灰颜色进行调整。黑色是起到一个遮挡的效果，也就是完全透明的；白色是显示，完全不透明；灰色是半透明效果，同时灰值不同半透明效果也不同。根据需要设置，还可以使用画笔工具、渐变工具、油漆桶工具进行操作。效果如图 4-30 所示。

图 4-29 剪贴蒙版调整图层

图 4-30 剪贴蒙版添加黑白蒙版

（3）一个图层中可以创建多个剪贴蒙版，使用方法是一样的，如图4-31所示。

2. "极坐标"滤镜

Photoshop的"极坐标"滤镜是非常有趣和常用的，它可以快速地把横线变为圆环，把竖线变成射线，把平面图转为有趣的球体等。运行"平面坐标到极坐标"后，再运行"极坐标到平面坐标"回到原图，反之也一样。图4-32分别是正方形、圆形和色块通过极坐标变换前后的图像，演示了极坐标对图像变换后进行的是一种什么样的扭曲。

平面坐标到极坐标：可以认为是顶边下凹，底边和两侧边上翻的过程。

极坐标到平面坐标：可以认为是底边上凹，顶边和两侧边下翻的过程。

图4-31　一个图层创建多个剪贴蒙版

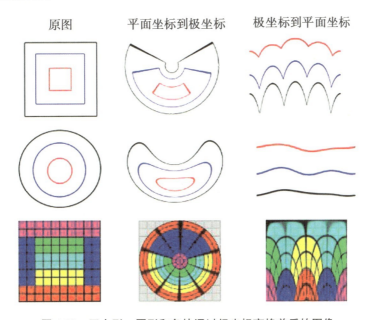

图4-32　正方形、圆形和色块通过极坐标变换前后的图像

3. 字体的下载和安装

当计算机自带的字体不能满足要求时，我们可以到提供字体下载的网站上进行下载。这些网站目前提供部分字体的免费下载。这里重点介绍字体安装的三种方法：

方法一：把"素材"文件夹中的字体直接复制粘贴到C:\Windows\Fonts\目录下即可。

方法二：在系统控制面板中找到字体选项并打开，然后把字体直接拖进来即可。

方法三：选中将要安装的字体，右键单击，在菜单项中选择"安装"。

四、制作向导

步骤1　首先新建画布。打开Photoshop CS6，按〈Ctrl + N〉新建文件"运动鞋广告设计",尺寸为 1500×1000 像素,分辨率为 72 像素/英寸,如图 4-33 所示。

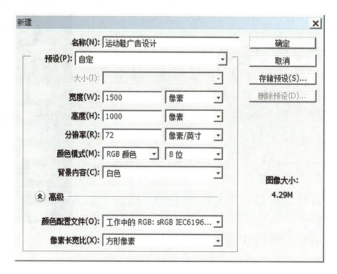

图 4-33 "新建"文件对话框

步骤 2 在工具箱选择"渐变工具",然后设置渐变色,如图 4-34 所示。

步骤 3 在属性栏中选择"径向渐变",然后由画布中心向边角拉出渐变作为背景,如图 4-35 所示。

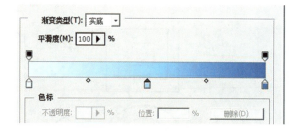

图 4-34 渐变色设置

图 4-35 渐变填充背景效果

步骤 4　在画布上开始制作草坪。新建组,命名为"草坪";在组里新建"图层 1",用"矩形选框工具"拉出如图 4-36 所示的矩形选区,填充任意颜色;然后按〈Ctrl + D〉快捷键取消选区。

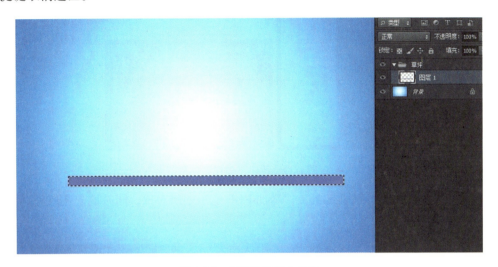

图 4-36　矩形选取填充效果

步骤 5　打开素材文件"沙土.jpg",使用移动工具拖至"运动鞋广告设计"文件中;调整图层位置至图层 1 上方,按〈Ctrl + Alt + G〉快捷键创建剪贴蒙版,效果如图 4-37 所示。

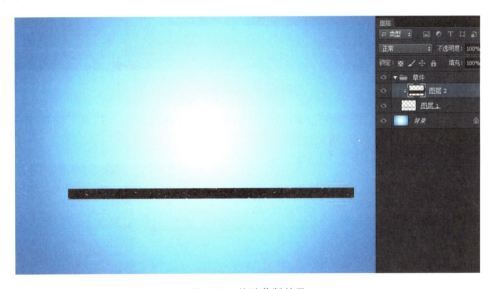

图 4-37　剪贴蒙版效果

步骤 6　单击图层面板下面的"创建新的填充或调整图层"图标,在下拉的选项菜单中选择"曲线",按〈Ctrl + Alt + G〉快捷键创建"曲线 1"图层为图层 2 的剪贴蒙版,如图 4-38 所示。

图 4-38　新建"曲线"图层

步骤 7　在"曲线"属性面板上,增加 RGB 通道明暗对比,同时把蓝通道调亮一点,参数设置如图 4-39 所示。

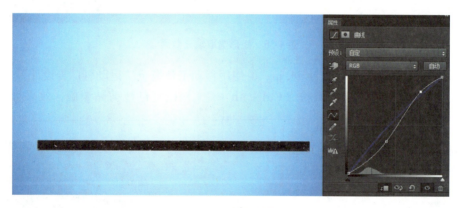

图 4-39　调整效果

步骤 8　新建空白"图层 3",用"钢笔工具"勾出草地选区,并填充任意颜色,然后取消选区,效果如图 4-40 所示。

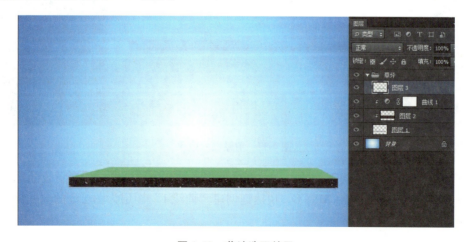

图 4-40　草地选区效果

步骤 9 打开素材文件"草地.jpg",利用"矩形选框工具"选择部分草地,按〈Ctrl + C〉和〈Ctrl + V〉快捷键复制粘贴至"运动鞋广告制作"文件中,生成"图层4",将图层4放于图层3上方,调整大小和位置,效果分别如图4-41、4-42所示。

图 4-41 草地素材选中部分

图 4-42 选中的草地素材移入后效果

步骤 10 按〈Ctrl + Alt + G〉快捷键创建图层4成为图层3的剪贴蒙版,然后调整位置,效果如图4-43所示。

图 4-43 剪贴蒙版效果

步骤 11 在图层 4 上方新建空白"图层 5",按〈Ctrl + Alt + G〉快捷键创建图层 5 成为图层 4 的剪贴蒙版,将图层 5 混合模式改为"滤色",如图 4-44 所示。

图 4-44 新建"滤色"图层

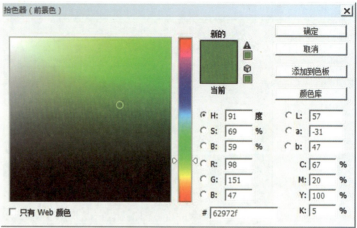

图 4-45 前景色设置

步骤 12 设置前景色为绿色(#62972f),如图 4-45 所示。

步骤 13 选择"画笔工具" ,将画笔不透明度设置为 10%,然后把草地顶部区域涂亮一点,如图 4-46 所示。

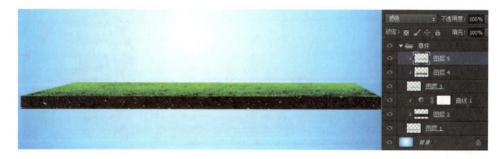

图 4-46 草地顶部涂亮效果

步骤 14 隐藏背景图层,按〈Ctrl + Alt + Shift + E〉快捷键盖印图层,把盖印图层命名为"草坪",效果如图 4-47 所示。

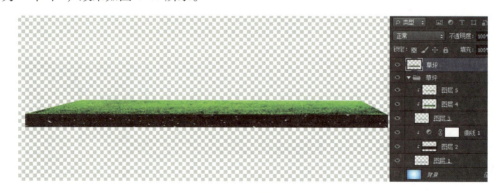

图 4-47 盖印图层效果

步骤15 折叠草坪组并隐藏，显示背景图层，效果如图4-48所示。

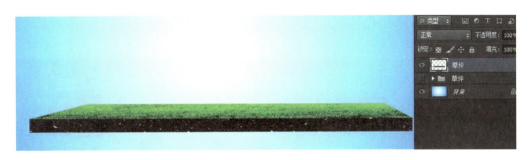

图4-48 草坪完成效果

> **注意事项**
>
> 整个草坪效果一共由六个图层合成，完成后的草坪要作为一个整体进行大小、变形等调整，所以通过快捷键盖印合成一个单独的图层，便于后面的操作。原始的六个图层折叠在一个组里隐藏起来，后期如果要翻工修改，还可以显示出来使用。

步骤16 制作螺旋部分，这一步可能要花费一点时间，也可以直接使用现成素材。按〈Ctrl+J〉快捷键复制草坪素材，用"极坐标"滤镜来完成。螺旋草坪效果如图4-49所示。

图4-49 螺旋草坪效果

> **注意事项**
>
> 螺旋草坪第一次制作需要较多的时间进行调整，"极坐标"滤镜的使用技巧参照本任务"知识链接"第2点，大小螺旋接口修补可使用"图章工具"等；也可以直接使用素材文件夹的"旋转草坪.png"图片。

步骤 17 打开素材文件"旋转草坪.png",移动旋转草坪至"运动鞋广告制作"文件中,调整大小和位置,与草坪图层对接,修补缺失的部分,向下合并图层,效果如图 4-50 所示。

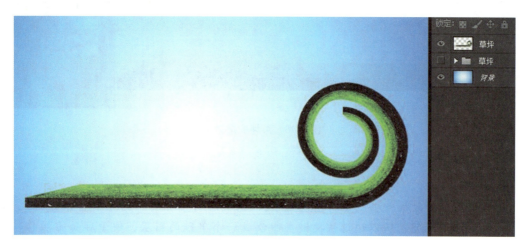

图 4-50 草坪对接后的效果图

> **注意事项**
> 调整好"螺旋草坪"和"草坪"图层位置,多余部分使用"套索工具"选取并删除;合并图层后,利用"图章工具"等进行接口处修补。

步骤 18 打开素材文件"运动鞋.jpg",使用"钢笔工具"选中运动鞋,用移动工具拖至"运动鞋广告设计"文件中;按〈Ctrl + T〉快捷键变形,调整大小和角度,效果如图 4-51 所示。

图 4-51 运动鞋位置和大小调整效果

步骤 19 用"套索工具"勾出运动鞋部分区域,按〈Shift + F6〉快捷键羽化 10 个像素,调节鞋子的光影,如图 4-52 所示。

项目四 广告设计

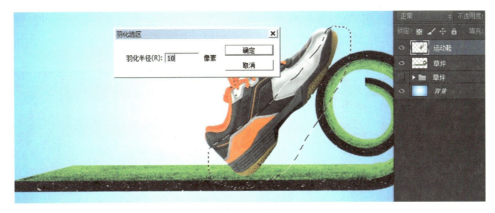

图 4-52　羽化半径设置

步骤 20　单击图层面板下方的"创建新的填充或调整图层"工具图标，在上拉选项菜单中选择"曲线"，为选区新建曲线调整图层。在"曲线"属性面板上把 RGB 通道压暗一点，确定后按〈Ctrl + Alt + G〉快捷键创建剪贴蒙版。参数设置及图片效果如图 4-53 所示。

图 4-53　"曲线"调整

步骤 21　用"套索工具"勾出运动鞋底小部分，按〈Shift + F6〉快捷键羽化 8 个像素，如图 4-54 所示。

图 4-54　羽化半径设置

83

步骤 22　为选区创建"色相/饱和度"调整图层,降低全图明度,确定后按〈Ctrl + Alt + G〉快捷键创建剪贴蒙版。参数设置及图片效果如图 4-55 所示。

图 4-55　"色相/饱和度"参数设置

步骤 23　新建一个空白图层,按〈Ctrl + Alt + G〉快捷键创建剪贴蒙版;将混合模式改为"滤色",前景色设置为橙黄色,然后用透明度为 10% 的柔边画笔给鞋子受光部分涂上高光,如图 4-56 所示。

图 4-56　运动鞋高光调整效果

步骤 24　在鞋子图层下面新建一个图层,使用"套索工具"选中产生阴影的选区,按〈Shift + F6〉快捷键羽化 10 个像素;选中菜单"编辑"→"填充"命令,给选区填充 30% 透明度的黑色,如图 4-57 所示。

项目四 广告设计

图4-57 运动鞋阴影区域和填充设置

步骤25 按〈Ctrl + Alt + G〉快捷键创建阴影图层为草坪图层的剪贴蒙版,如图4-58所示。

图4-58 剪贴蒙版效果

步骤26 打开素材文件"跑步.jpg",用"钢笔工具"把人物抠出来,拖入"运动鞋广告制作"文件中;按〈Ctrl + T〉快捷键调整大小和位置,如图4-59所示。

图4-59 "跑步"素材文件大小和位置调整

85

步骤 27 按住〈Ctrl〉键单击"跑步"图层建立选区,按〈Shift + F6〉快捷键羽化 10 个像素;新建图层"跑步阴影",填充 45% 黑色,按〈Ctrl + D〉快捷键取消选区,如图 4-60 所示。

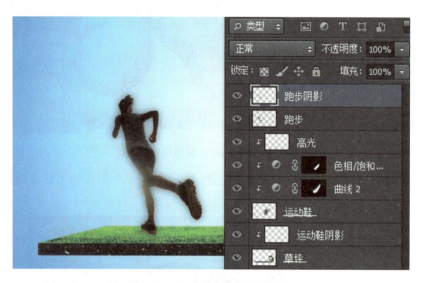

图 4-60 建立"跑步阴影"图层

步骤 28 选择"编辑"→"变换"→"垂直翻转"命令,移动垂直翻转后的"跑步阴影"至图 4-61 中位置,按〈Ctrl + T〉快捷键调整阴影大小和位置,效果如图 4-61 所示。

图 4-61 调整跑步阴影大小和位置

步骤 29 移动"跑步阴影"图层至"运动鞋图层阴影"上方,按〈Ctrl + Alt + G〉快捷键创建"跑步阴影"图层为草坪图层的剪贴蒙版,如图 4-62 所示。

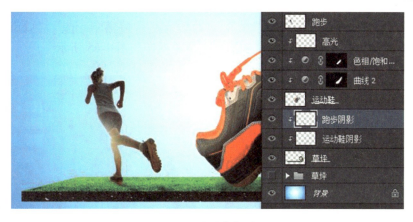

图 4-62　剪贴蒙版效果

步骤 30　使用同样的方法将素材"树.jpg"加入"运动鞋广告制作"文件中；新建"色相/饱和度"调整图层，设置饱和度为 35，按〈Ctrl + Alt + G〉快捷键创建剪贴蒙版。效果如图 4-63 所示。

图 4-63　加入素材并调整饱和度

步骤 31　使用同样的方法创建树的阴影，如图 4-64 所示。

图 4-64　创建树的阴影效果

步骤32 将素材"鸽子.jpg""飘落四叶草.jpg""降落伞.jpg""城市.jpg"依次加入，分别调整大小、位置、透明度和图层上下关系，如图4-65所示。

图4-65 其他素材加入后的效果

步骤33 使用相同方法，用画笔给高光区域涂上暖色高光；按〈Ctrl + Shift + Alt + E〉快捷键盖印图层，执行"滤镜"→"渲染"→"镜头光晕"命令。添加"镜头光晕"后效果如图4-66所示。

图4-66 添加"镜头光晕"效果

步骤34 选择"文本工具"输入文字"运动－让潜能无限"，设置为"飞驰"字体，调整文字大小；双击图层打开"图层样式"对话框，勾选"投影"项。最终效果如图 4-67 所示。

图 4-67　最终效果

五、技巧点拨

（1）剪贴蒙版建立，并调整到需要的效果后，建议给相关图层之间建立链接，这样随便移动的时候也不会影响到图像效果。

（2）上方图片要和下方图形形成剪贴蒙版的时候，下方图形必须是只有主体，背景透明或没有，上方图片要尽量盖住下方图形之后，再在两个图层之间按〈Alt〉键单击创建剪贴蒙版，这样会更自然一点。如果图片大小不够，拼接图片会显得没有那么自然。

项目总结

本项目旨在让学生熟悉 Photoshop 在平面广告制作中的一些技巧。通过两个任务的学习，让学生掌握图层样式编辑，图层剪贴蒙版的灵活使用，自定义形状的绘制，字体安装，"极坐标"滤镜、"光晕"的应用和盖印实现图层合并等，提升学生使用 Photoshop 制作平面广告的综合能力。

实战演练

根据项目内容，完成农夫果园广告设计，广告词"100% 来自大自然"，效果如图 4-68 所示。

图 4-68　实战演练参考效果图

课后习题

一、单选题

1. Photoshop CS6 中，文字图层的工具缩略图显示为一个字母，即（　　）。
   A. A　　　　　　B. M　　　　　　C. D　　　　　　D. T

2. 工作路径是出现在"路径"面板中的临时路径，用于定义形状的（　　）。
   A. 颜色　　　　　B. 内容　　　　　C. 轮廓　　　　　D. 填充

3. 要使图像进入"快速蒙版"状态可按字母键（　　）。
   A. F　　　　　　B. Q　　　　　　C. T　　　　　　D. A

4. 现使用"选区工具"将选取部分图像。要实现对图像中选区部分进行移动时会出现如下图所示效果，需使用移动工具并再按下键盘中的功能键为（　　）。

　　A. Alt　　　　　B. Shift　　　　　C. 空格　　　　　D. Ctrl

5. 使用"矩形选框工具"在下图人像嘴部创建选区，将选区内的图像复制到新的图层中所用的快捷键是（　　）。

   A. Ctrl + C
   B. Ctrl + T
   C. Ctrl + G
   D. Ctrl + J

二、多选题

1. 下列属于路径的有（　　）。
 A．锚点　　　　B．像素　　　　C．直线　　　　D．曲线
2. 下列可以转换为选区的路径有（　　）。
 A．闭合路径　　B．开放路径　　C．直线路径　　D．圆形路径
3. 下列命令中属于颜色调节层命令的有（　　）。
 A．色阶　　　　B．曝光度　　　C．阈值　　　　D．模糊
4. 下列表述正确的有（　　）。
 A．在图层面板底部单击"新建调整图层"图标，就可以从菜单中选择创建"纯色"、"渐变"或"图案"类型的填充图层
 B．执行"文件"→"新建填充图层"命令，从弹出的菜单中选择一种图层类型，命名图层，设置图层选项
 C．执行"图层"→"新建填充图层"命令，从弹出的菜单中选择一种图层类型，命名图层，设置图层选项
 D．执行"图层"→"新建填充图层"命令，从弹出的菜单中选择一种图层类型，命名图层，设置图层选项
5. 替换颜色是通过有效地选取图像范围进行调整，从而达到替换的效果。一般选取的部分有（　　）。
 A．色相　　　　B．饱和度　　　C．明度　　　　D．灰度

三、判断题

1. Photoshop CS6 中不可导入低版本 Photoshop 中创建的位图文字图层。（　　）
2. 在渐变拾色器中单击右上角的小三角，在弹出菜单下面部分会显示渐变样本库。（　　）
3. 对文字图层进行栅格化图层后可以执行滤镜效果。（　　）
4. 选择"编辑"菜单下的"自由变换"命令，可以对选区中的图像进行缩放、旋转等自由变换操作。（　　）
5. 使用增减选区工具时，如果新添加的选区与原选区有重叠部分，会得到与原选区相减后的形状选区。（　　）

封面设计

项目分析

书籍的封面和商品的包装设计是针对消费者对图形、色彩、文字需求的综合运用。图形作为设计语言，就是要把形象的内在和外在构成因素表现出来，以视觉形象的形式把信息传递给消费者；色彩是美化和突出产品的重要因素，色彩要求醒目，符合商品的特点，有较强的吸引力；文字是传达思想、交流感情的载体，是表达某一主题内容的符号。

在教材配套 CD 盘面包装设计中，运用参考线网格功能来定位，沿路径输入文字来实现圆形图案；在《诗文诵读》书籍封面设计中，为了突出古典、雅致的气息，采用了古典的图案填充，并运用图层样式来增加书名的立体感。

任务 1　设计教材配套 CD 盘面

一、任务要求

本任务要设计制作 CD 盘面的包装。一个好的 CD 盘面设计不仅可以使用户对 CD 盘中的主要内容一目了然，而且可以美化 CD 盘面，吸引用户的注意。

二、效果展示

如图 5-1 所示为 CD 盘面的包装，图中设计线条流畅，简洁明了。

图 5-1　CD 盘面效果图

三、知识链接

1. 参考线的设置

设置参考线后可以使编辑图像的位置更精确。将鼠标指针放在水平标尺上，按住鼠标左键不放，向下拖拽出水平的参考线。将鼠标指针放在垂直标尺上，按住鼠标左键不放，向右拖拽出垂直的参考线。

显示或隐藏参考线：选择"视图"→"显示"→"参考线"命令可以显示或隐藏参考线，此命令只有在存在参考线的情况下才能应用。

移动参考线：选择"移动工具"，将鼠标指针放在参考线上，鼠标指针变为 ✥ 形状，按住鼠标左键拖拽即可移动参考线。

锁定、清除、新建参考线：选择"视图"→"锁定参考线"命令或按〈Alt + Ctrl + ;〉快捷键可以将参考线锁定，参考线锁定后将不能移动。选择"视图"→"清除参考线"命令可以将参考线清除。选择"视图"→"新建参考线"命令，弹出"新建参考线"对话框，设定完选项后单击"确定"按钮，图像中即可出现新建的参考线。

2. 标尺的设置

设置标尺后可以精确地编辑和处理图像。选择"编辑"→"首选项"→"单位与标尺"命令，或者双击标尺处可弹出相应的对话框。

单位：用于设置标尺和文字的显示单位，有不同的显示单位供选择。

列尺寸：用列来精确确定图像的尺寸。

点/派卡大小：与输出有关。

选择"视图"→"标尺"命令，可以显示或隐藏标尺。

将鼠标光标放在标尺的 x 轴和 y 轴的 0 点处，单击并按住鼠标左键不放，向右下方拖拽鼠标到适当的位置，释放鼠标，标尺的 x 轴和 y 轴的 0 点就变为鼠标指针移动后的位置。

3. 网格线的设置

设置网格线后可以将图像处理得更精准。选择"编辑"→"首选项"→"参考线"→"网格和切片"命令，弹出相应的对话框。

参考线：用于设定参考线的颜色和样式。

网格：用于设定网格的颜色、样式、网格线间隔、子网格等。

切片：用于设定切片的颜色和显示切片的编号。

选择"视图"→"显示"→"网格"命令可以显示或隐藏网格。

四、制作向导

步骤 1　启动 Photoshop CS6 中文版，选择"文件"→"新建"命令，新建一个文件，开本大小为 20 cm × 20 cm，分辨率为 72 像素/英寸，颜色模式为 RGB，背景为白色，文件名为"CD 包装"。

步骤 2　选择"视图"→"显示"→"网格"命令或按〈Ctrl + '〉快捷键显示网格。勾选"视图"菜单中的"标尺"项或按〈Ctrl + R〉快捷键显示标尺，拖出十字参考线以便确定圆心，如图 5-2 所示。

注意事项

在设计 CD 盘面的操作中将会涉及多个同心圆,因此必须先确定好圆心。

在上方标尺处按住鼠标左键,往下拖动可拖出水平参考线,在左侧标尺处按住鼠标左键,往右拖动可拖出垂直参考线。若要清除参考线,可选择"视图"→"清除参考线"命令,或者选择"移动工具",拖拽已建立参考线到非工作区。

步骤 3 新建"图层 1",重命名为"渐变背景"。选择"渐变工具",编辑渐变色为白色和#009cff,如图 5-3 所示,从右上到左下方向拖动鼠标左键填充该图层。效果如图 5-4 所示。

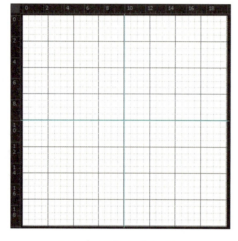

图 5-2 显示标尺和网格

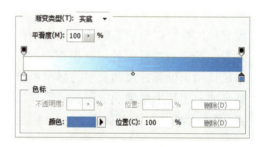

图 5-3 渐变编辑器

注意事项

按住〈Alt〉键,以光标当前位置为圆心开始绘制椭圆,同时按住〈Shift〉键将绘制正圆。

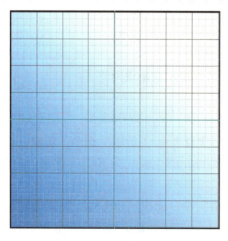

图 5-4 渐变背景

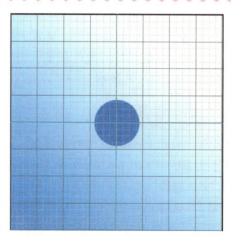

图 5-5 蓝色圆

步骤4 新建"图层2",重命名为"蓝色圆",选择"椭圆选框工具",将光标定位在圆心,按住〈Alt + Shift〉快捷键,拖动鼠标绘制一个较小的同心圆选区;将前景色修改为#009cff,填充选区,如图5-5所示(不要取消选区)。

步骤5 新建图层,重命名为"描边1",对选区描边(2像素,白色);选择"添加图层样式"→"渐变叠加"命令进行设置。"渐变叠加"参数设置及效果如图5-6所示。

 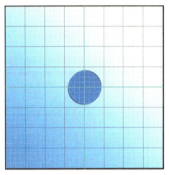

图5-6 "渐变叠加"参数设置及效果

步骤6 选择"椭圆选框工具",绘制一个更小的同心圆选区,并新建图层,重命名为"描边2",置于顶端,对选区描边(2像素,白色),并拷贝"描边1"的图层样式到"描边2"。效果如图5-7所示。

步骤7 选择"椭圆选框工具",绘制一个大同心圆选区,新建图层,重命名为"描边3",拷贝"描边1"的图层样式到"描边3",并更改"渐变叠加"的颜色为#c5c5c5、白色、#c5c5c5。效果如图5-8所示。

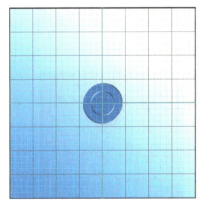 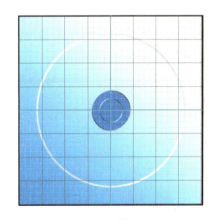

图5-7 描边2　　　　　　　　图5-8 描边3

步骤8 选择"钢笔工具",参照网格绘制如图5-9所示的弧形;单击路径面板中的"将路径作为选区载入"按钮,新建图层并重命名为"弧形1",修改前景色为#90d5ff,填充选区。效果如图5-10所示。

步骤9 新建两个图层,分别命名为"弧形2""弧形3",颜色分别为#61bfff 和#009cff;以同样的方法分别在这两个图层中制作一个弧形图像。效果如图5-11所示。

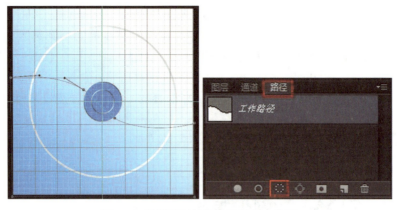

图 5-9 绘制弧形并将路径转换为选区

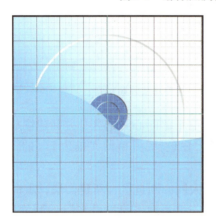

图 5-10 弧形 1

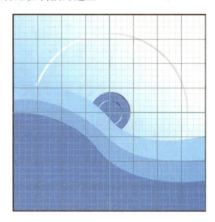

图 5-11 弧形 2、弧形 3

步骤 10 在按〈Ctrl〉键的同时单击"弧形 1""弧形 2""弧形 3"图层，选中三个图层，单击图层面板上的"链接图层"按钮，将这三个图层链接并移动到"渐变背景"图层上方。效果如图 5-12 所示。

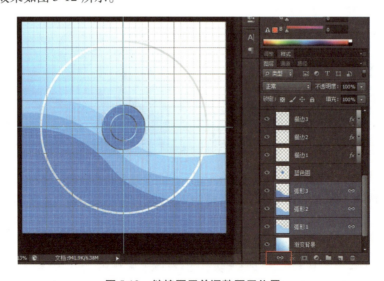

图 5-12 链接图层并调整图层位置

步骤 11 选择"文字工具",输入文字"Photoshop CS6",设置颜色为#0086db、字体为 Broadway、大小为 30 点、字距为 60;输入文字"中文版""图形图像处理",设置字体为幼圆、大小为 21;输入文字"项目教程",大小为 32;将以上几个文字图层调整位置并建立链接。

步骤 12 选择"文字工具",输入文字"苏州大学出版社",设置颜色为黑色、字体为隶书、大小为 15 磅;调整文字层的位置并链接图层。效果如图 5-13 所示。

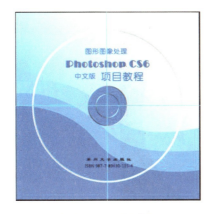

图 5-13　文字效果

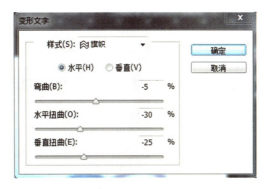

图 5-14　变形文字参数设置

步骤 13 选择"文字工具",输入字母"PS",设置颜色为#193877、字体为 Britannic Bold、大小为 252 磅;单击"创建文字变形"按钮对其设置样式为"旗帜",并修改参数如图 5-14 所示;按〈Ctrl + T〉快捷键,对文字进行自由变换,旋转文字到适当角度,将图层不透明度设置为 60%,并将图层移动到"蓝色圆"图层下方。效果如图 5-15 所示。

步骤 14 选择"椭圆工具",在"描边 3"内绘制一个同心圆路径。选择"文字工具",将光标移到路径上,当光标形状变成 ⤴ 时,单击输入文字"江苏省江阴中等专业学校计算中心制作 Tel:0510 – 86105676",复制两遍文字,调整文字间距。效果如图 5-16 所示。

图 5-15　变形文字效果

图 5-16　路径文字

步骤 15 创建新的图层，命名为"遮幅"，填充黑色，并添加矢量蒙版；选中矢量蒙版并编辑，如图 5-17 所示，选择"椭圆选框工具"，绘制"描边 3"大小的同心圆选区，填充黑色；绘制"描边 2"大小的同心圆，填充白色。最终效果如图 5-18 所示。

图 5-17 矢量蒙版

图 5-18 CD 盘面最终效果图

五、技巧点拨

（1）同心圆的绘制也可以通过执行"选择"→"修改"命令中的"扩展"及"收缩"来实现。

（2）当图层链接后，不仅可以一起进行移动，还可以将链接图层中的图像对齐到指定位置或以相等距离来布置图像。

任务 2 设计《诗文诵读》书籍封面

一、任务要求

电子书的发展非常迅猛，那传统的纸质图书还有没有发展的空间呢？答案是肯定有的。电子书取代不了流传了几千年的纸质图书，纸质书特有的"味道"和"触觉"，不是冰冷的数码产品所能替代的。本任务是要设计一个有"触觉"的书籍封面。

二、效果展示

本任务中要设计的书籍封面效果如图 5-19 所示。本书收录的诗词涉及的主题分别有爱国、爱情、边塞、送别、咏怀、思乡；散文主要以国学经典为主，承载着中华民族深厚的文化底蕴。因此本书的封面设计要求色调古朴、典雅，选用的素材也围绕这一主题。

图 5-19　封面设计效果图

三、知识链接

1. 出血

"出血"是指加大产品外尺寸的图案，在裁切位加一些图案的延伸，专门供各生产工序在其工艺公差范围内使用，以避免裁切后的成品露白边或裁到内容。在封面设计的时候就分为设计尺寸和成品尺寸，设计尺寸总是比成品尺寸大，大出来的部分是要在印刷后裁切掉的，这个要印出来并裁切掉的部分就称为印刷"出血"。"出血"并不都是 3 mm，不同产品应分别对待。

2. 勒口

勒口亦称折口，是指书籍封面的延长内折部分。勒口要编排作者或译者的简介、同类书目或本书有关的图片，以及封面说明文字，也有空白勒口。勒口设计一般以精装书为主，现在平装书中也常设计成封面、封底折进一段以增加书的美感。设定勒口尺寸时，以封面、封底宽度的 1/3 到 1/2 为宜，如封面、封底有底图，需要勒口的图文和封面、封底的图文连在一起，这样到装订时，如出现尺寸变数（书脊位大小等）勒口也可随之改变。

本任务中的封面的宽度数值为左"出血"（3 mm）+左"勒口"（80 mm）+封底宽度（145 mm）+书脊宽度（17 mm）+封面宽度（145 mm）+右"勒口"（80 mm）+右"出血"（3 mm）= 473 mm；封面的高度数值为上下"出血"（各 3 mm）+封面的高度（210 mm）= 216 mm。

四、制作向导

步骤 1　启动 Photoshop CS6，选择"文件"→"新建"命令，新建一个文件，开本大小为 47.3×21.6 cm，分辨率为 300 像素/英寸，颜色模式为 CYMK，背景为白色，文件名为"诗文诵读"。修改前景色为#faeccc，按〈Alt + Delete〉快捷键填充背景图层。

步骤 2　按照上面要求的内容在画布中添加参考线。选择"视图"菜单中的"新建参考线"命令，在位置 0.3 cm 和 21.3 cm 处添加水平参考线；在位置 0.3 cm、8.3 cm、22.8 cm、24.5 cm、39 cm 和 47 cm 处添加垂直参考线，划分封面中的各个区域，如

图5-20所示。

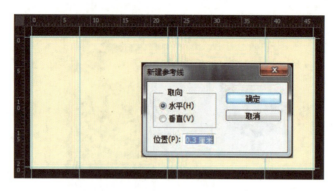

图5-20　用参考线划分封面的各个区域

步骤3　打开素材文件5-01.png，复制图层到文档"诗文诵读.psd"，将图层命名为"底纹"。

步骤4　新建"图层1"，设置前景色为#a36e1d，按〈Alt+Delete〉快捷键填充该图层；新建"图层2"，设置前景色为白色，用"自定义形状工具"绘制一个大小合适的花纹图形；使用"矩形选框工具"选中，关闭下面图层的眼睛（图5-21）；选择"编辑"→"自定义图案"命令，自定义"图案1"；删除"图层1"上绘制的图案，再打开下面层的眼睛；选择"编辑"→"填充"命令，在"内容"项中选择"图案"→"自定义图案"中定义的"图案1"，单击"确定"按钮，使图案填充满整个画布，并修改其图层的不透明度为50%。效果如图5-22所示。

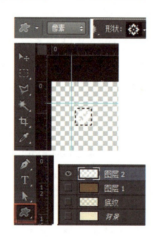 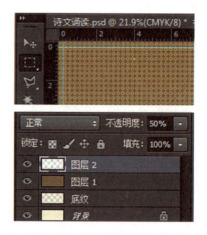

图5-21　用"自定义工具"绘制形状　　图5-22　填充自定义图案及设置图层的不透明度

步骤5　选中"图层2"，向下合并图层，将图层命名为"横条纹"；为"横条纹"添加两条白边，在位置1.4 cm和20.2 cm处添加两根水平参考线，使用"矩形选框工具"框选这两线之间的区域建立选区，填充白色；在位置1.7 cm和19.6 cm处再添加两根水平参考线，框选这两线之间的区域，按〈Delete〉键清除选区；取消选区，清除这四根参考线。效果如图5-23所示。

项目五 封面设计

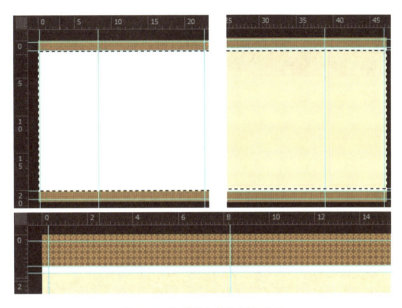

图5-23 为"横条纹"添加白边

步骤6 打开"素材"文件夹，把文件5－02.png、5－03.png、5－04.png拖入Photoshop CS6窗口中，按回车键置入，并放置在"横条纹"图层之下，调整图像的大小和位置。效果如图5-24所示。

图5-24 添加图像素材

步骤7 新建图层并命名为"线条"，选择"直线工具"，像素模式粗细设为6像素；在山水图边绘制一条竖线，为线条添加颜色，选择"图层"→"图层样式"→"颜色叠加"命令，设置颜色为#a17d24，将该图层置于"横条纹"之下。

步骤8 新建图层并命名为"拼贴"，选择"自定义形状工具"，按〈Shift〉键同时鼠标左键拖动绘制一个宽度约3 cm的"拼贴5"图形；按〈Ctrl〉键同时单击"拼贴"图层，将缩览图载入选区，复制并粘贴4次后移动位置进行拼贴，将复制得到的图层向下合并到"拼贴"图层；将"拼贴"图层载入选区，按〈Ctrl + T〉快捷键进行自由变换，长度和宽度均改为20%，旋转为90°；用相同的方法复制延长拼贴图形的长度，移动到线条右侧位置，复制"线条"图层的图层样式到本图层，并将该图层置于"线条"图层之下。

101

效果如图 5-25 所示。

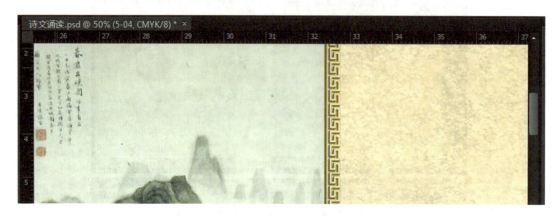

图 5-25　绘制线条和拼贴图形

步骤 9　新建图层并命名为"文字背景 1",使用"矩形选框工具"绘制矩形选区,填充颜色#caae6b;选择"滤镜"→"杂色"→"添加杂色"命令,如图 5-26 所示,并设置不透明度为 70%。

步骤 10　在"文字背景 1"图层中,使用"矩形选框工具"绘制矩形选区,复制并粘贴生成新图层"图层 1",重命名为"文字背景 2",调整位置到文字背景下端。

步骤 11　新建图层并命名为"圆点",使用"椭圆选框工具"绘制小椭圆选区,填充颜色#876b28,制出 5 个小圆点并调整位置;添加图层样式如图 5-27 所示,叠加颜色 #ede72e。

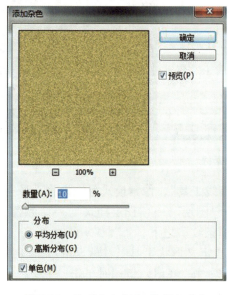

图 5-26　为"文字背景 1"添加杂色

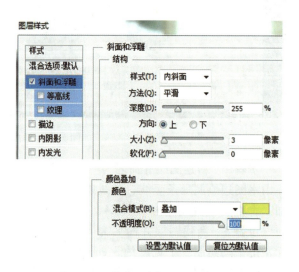

图 5-27　为"圆点"添加图层样式

步骤 12　新建图层并命名为"文字背景装饰",使用"矩形选框工具"在适当位置建立选区,填充颜色#81291f,效果如图 5-28 所示。

图 5-28　文字背景效果图

步骤 13　选择"直排文字工具"输入文字"诗文诵读",设置文字字体为华文行楷、大小为 42 磅、颜色为黑色,添加图层样式"斜面和浮雕"(内斜面、深度为 400),放置在封面位置;复制该文字图层,文字大小调整为 25 磅,放置在书脊位置。

步骤 14　选择"直排文字工具"输入文字"李正国　主编",设置文字字体为楷体、大小为 20 磅,"李正国"颜色设置为黑色,"主编"颜色设置为白色,放置在封面位置;新建图层命名为"椭圆",填充颜色#caae6b,作为文字"主编"的背景;复制文字"李正国　主编"图层,文字大小调整为 15 磅,颜色为黑色,放置到书脊位置。

步骤 15　在封面和书脊位置添加文字"苏州大学出版社",并添加白色描边效果;添加文字"SHI WEN SONG DU",设置图层不透明度为 30%;在"勒口"位置添加文字"作者简介"和"封面设计"等;文字"作者简介"上方可以放置作者照片,本例用矩形替代,下方添加相应文字。效果如图 5-29 所示。

图 5-29　添加文字后的封面效果图

五、技巧点拨

（1）在对几个图层设置同样的样式时，可以进行图层样式的复制。方法为：先选择已经设置好图层样式参数的图层，右键单击选择弹出菜单中的"拷贝图层样式"命令；再选择目标图层，右键单击选择弹出菜单中的"粘贴图层样式"命令。

（2）"自定义图案"的所选区域必须是矩形，且羽化值为0，此时图案才能自定义成功。

项目总结

本项目旨在让大家学会参考线、标尺和网络线的使用，比如参考线的建立、清除、锁定和隐藏等；学会路径文字的制作、图层样式的使用。本项目中的光盘和书籍都有规格和尺寸，要熟练使用标尺和参考线，要求有严谨的治学态度和精益求精的工作作风。

实战演练

制作《淘宝新手》书籍封面。使用新建参考线命令添加参考线，使用自定义形状工具、钢笔工具、描边命令制作各种花朵形状，使用横排文字工具和添加图层样式按钮制作文字，并在封面添加一些淘宝素材图片。《淘宝新手》书籍封面参考效果如图5-30所示。

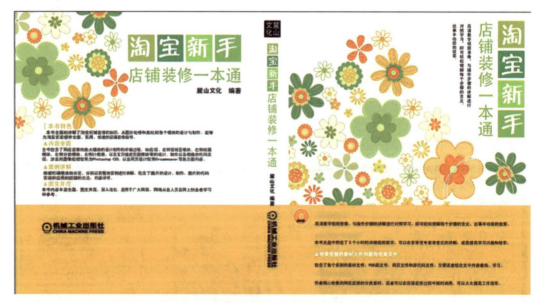

图5-30　《淘宝新手》书籍封面参考效果图

课后习题

一、单选题

1. 在参考线使用中，想要实现从标尺处拖拽出的参考线与标尺上的刻度相对应，在拖拽参考线的同时需按住功能键（　　）。

A. Ctrl + Alt　　B. Ctrl　　C. Shift　　D. Alt

2. 在实际制作过程中，要精确地利用标尺和参考线，在设定时可以参考控制面板中的（　　）。

A. 信息　　B. 属性　　C. 状态　　D. 导航

3. 如下图所示，图中的文字变形效果是由创建变形文本工具完成的，该效果采用的选项是（　　）。

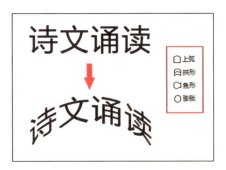

A. 上弧　　B. 拱形　　C. 鱼形　　D. 膨胀

4. 下列关于链接图层的描述正确的是（　　）。

A. 链接图层就是合并图层

B. 在"图层"面板上选择要链接的两个或多个图层，单击面板底部的"链接"图标即可完成链接图层

C. 链接图层最多链接 5 个图层

D. 链接图层完成后无法取消图层链接

5. 下列清除图层样式的方法错误的是（　　）。

A. 选择要删除样式的图层，将该图层右侧的图标拖动到删除图标上

B. 选择图层，执行菜单"图层"→"图层样式"→"清除图层样式"命令

C. 右击"图层"，在快捷菜单中选择"清除图层样式"命令

D. 执行"编辑"→"清除图层样式"菜单命令

二、多选题

1. 如右图所示，在 Photoshop CS6 中，关于在路径上放置文字的说法不正确的有（　　）。

A. 文字只能使用 TrueType 字体

B. 当文字放置到路径上后，就不可以使用"创建变形文本"工具

C. 输入文本后，可按〈Ctrl + Enter〉快捷键确认

D. 当路径上放置了文字后，路径将在路径面板中消失

2. 可以创建文字工作路径的有（　　）。

A. 钢笔工具　　B. 矩形工具

C. 椭圆工具　　D. 多边形工具

3. 属于 Photoshop CS6 中文字工具的有（　　）。
   A. 横排文字工具　　　　　　　　B. 直排文字工具
   C. 横排文字蒙版工具　　　　　　D. 直排文字蒙版工具
4. 属于 Photoshop CS6 的风格化滤镜组的有（　　）。
   A. 查找边缘　　　B. 等高线　　　C. 液化　　　D. 浮雕效果

三、判断题

1. 在 CMYK 模式下的图片，主要的是用于打印或印刷色泽连续的图像，通过 CMYK 模式可以进行四色的印刷。（　　）
2. 网格在默认情况下显示为可打印出来的线条。（　　）
3. Photoshop CS6 可以允许使用由第三方开发商提供的滤镜，并将之称为外挂滤镜。（　　）
4. 单击"图层"控制面板下方的"添加图层样式"按钮，在弹出的菜单中可选择"外发光"命令设置效果。（　　）
5. "拷贝图层样式"和"粘贴图层样式"命令是对多个图层应用相同样式效果的快捷方式。（　　）

包装设计

项目分析

包装是在流通过程中保护产品、方便运输、促进销售，按一定的技术方法所用的容器、材料和辅助物等的总体名称。包装亦是品牌理念、产品特性、消费心理等的综合反映。它直接影响到消费者的购买欲，是建立产品与消费者亲和力的有力手段。

包装设计具有很强的实用性与技术性，集科学性与艺术性为一体，二者相得益彰，缺一不可。包装设计由商标、文字、色彩、图形、结构几大要素构成。无论是包装盒还是包装袋，都由两个或两个以上的面构成，每一个局部面都是不可分割的。所以在包装设计时应充分考虑到包装的整体效果。

包装设计需要设计者关注几个要点：包装要具有货架印象，包装要具有可读性，包装的外观图案要能引人注意，包装上的功能特点说明要准确，包装设计时要提炼产品的卖点。

包装的分类有很多种，若是从造型设计上进行分类，可分为盒式包装、袋式包装、瓶式包装、桶式包装、罐式包装和特殊材料包装等。本项目由于篇幅有限，将重点介绍两种最为常用的包装设计，即袋式包装和盒式包装。无论最终包装的立体造型如何，在设计中仍是作为一个平面来进行设计的，这就要求设计者对平面到立体的变化有精确而深入的了解。

本项目中的巧克力包装设计为单个扁平长方形的塑料纸质包装，包装形式为两端和背部黏合，所以在设计时要考虑到平面设计作品首尾对接，两端黏合的问题。月饼包装设计采用传统的盒式包装，主要考虑正反两个面的设计及包装成型后的黏合处。

任务 1　设计"哈尼斯巧克力"包装

一、任务要求

本任务要设计制作巧克力的包装。在进行包装设计之初，需要对所设计产品的特性进行有针对性的了解和分析。巧克力的包装应该可以保护巧克力应有的光泽、香味、形态，并且可延长货架寿命；应可防止微生物和灰尘污染，提高产品的卫生安全性。巧克力的包装不仅是以表面美观来吸引顾客，同时也应能展现其品牌特色。上档次的商品包装应能体现其"简约而不简单"的设计精髓。

在本任务中，需要使用到多种选择工具，如选框工具、魔棒工具等，对不同的素材对象进行选取，并使用移动工具进行组合；需要运用渐变工具和调节图像的透明度操作创设过渡柔和的色彩；需要合理运用图层蒙版对图像进行层叠；需要使用文字工具，输入并编辑包装中的产品名称和相关说明文字；在设计包装的立体效果时，需要使用 PSD 格式的模板进行编辑，提高作图效率并学会合理运用各种素材。

二、效果展示

如图 6-1 所示为巧克力包装的平面设计图，图 6-2 所示为巧克力包装的立体效果。

图 6-1　巧克力包装的平面设计图

图 6-2　巧克力包装的立体效果图

三、知识链接

1. 包装平面设计图

平面设计，是指将特定的信息内容，通过文字、图形、色彩等视觉要素，以艺术的手法表现在同一平面领域的设计。包装设计不是一般的平面设计，它包含了确定包装的工艺技术方式，进行包装的材料与包装造型、结构设计，包装的视觉传达设计、附加物设计、防伪技术处理等的整体系统化设计。

本任务中所说到的包装平面设计图，是指应用平面设计理念和软件，制作出用于平面印刷的效果图。印刷出成品后进行组合、胶粘等工艺，形成立体包装盒。所以在进行包装平面设计图制作时，需要考虑到成品的形成，从而在平面设计中统筹规划。

2. 参考线

Photoshop 中的参考线是制图的辅助工具，无论参考线以什么样的颜色出现，都不会出现在打印稿中。参考线在平面设计中有着其不可替代的作用，它能够为画面中的各种图形、文字等对象提供精确的定位；对于选框工具来说，它可以提供中心或边框的规则选取。在使用过程中，我们会发现参考线具备磁铁一样的吸附功能，这会使我们对于图形图像的大小和位置有着精准的把握。所以，使用好参考线是准确制图的基本要求。

3. 色彩平衡

色彩平衡，简单来说就是利用渐进的调整方式改变图像色彩，它与使用"色相/饱和度"直接改变颜色的方式是不一样的。色彩平衡主要是通过对话框中的三个滑块来调节图片的整体色调，使其更加偏向于红或青、绿或洋红、蓝或黄。这种色彩的调节方式可使图片素材更好地与原图片的色彩、色调和谐统一。

四、制作向导

步骤 1　确定巧克力包装的宽度为 7 cm，高度为 7.3 cm，出血后的宽度为 7.3 cm，高度为 7.6 cm。启动 Photoshop CS6，按〈Ctrl + N〉快捷键，新建文件的宽度为 7.3 cm，高度为 7.6 cm，分辨率为 200 像素/英寸，颜色模式为 RGB，背景为白色，文件名为"巧克力包装平面图"。文件参数设置如图 6-3 所示。

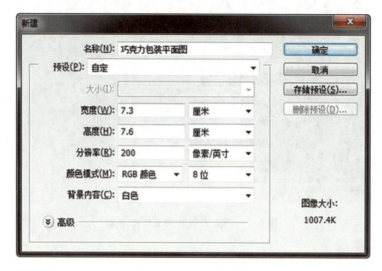

图 6-3　文件参数设置

步骤 2　巧克力包装为长方形，其形式是正面居中，上下部分向后翻卷，在背面中间对接，左右两边粘连。按〈Ctrl + R〉快捷键显示标尺，执行菜单命令"视图"→"新建参考线"，分别新建水平值为 1 cm、3 cm、5 cm 和 7 cm 的四条水平参考线，如图 6-4、6-5 所示，划分出平面展开图的三个面，如图 6-6 所示。

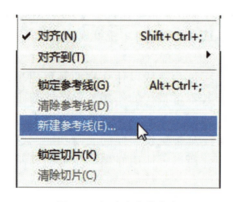 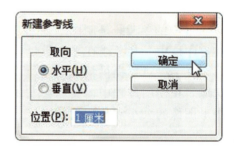

图 6-4　新建参考线命令　　　　　　图 6-5　新建参考线参数设置

项目六 包装设计

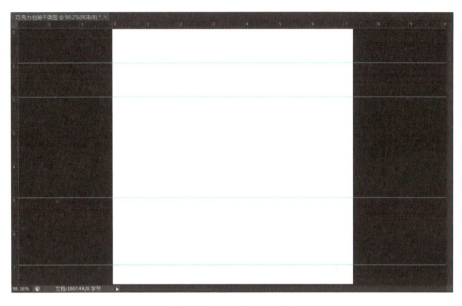

图 6-6　新建参考线效果图

注意事项

因为包装的上下边在向后翻卷后,需要多出一部分黏合在一起,所以实际设计的平面图上下都要超出参考线。

用鼠标左键可以由标尺处拖拽出参考线,相比较使用菜单命令更为快捷。但本例为了设置更为精确的参考线位置,仍使用菜单命令。

步骤3　选择"矩形选框工具"绘制一个矩形;按字母〈D〉键,设置默认前背景色;新建"图层1",按〈Alt + Delete〉快捷键用前景色填充选区。效果如图6-7所示。

图 6-7　绘制矩形并填充

111

> **注意事项**
>
> 矩形选框的宽度为 7 cm，但不得紧靠边缘。

步骤4 按〈Ctrl + D〉快捷键取消选区；按〈Ctrl + O〉快捷键打开图片素材"正面背景.jpg"，使用"移动工具" 将其拖拽到"巧克力包装平面图"文件中；按〈Ctrl + T〉快捷键添加变形框，调整其大小。效果如图 6-8 所示。

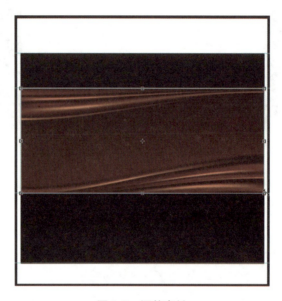

图 6-8　调整素材

步骤5 按〈Enter〉键确认变形操作；选择"图层 2"，按〈Ctrl + J〉快捷键复制一个新图层"图层 2 副本"，设置图层混合模式为"滤色"、不透明度为 80%。参数设置如图 6-9 所示。

图 6-9　设置图层混合模式及不透明度

图 6-10　设置文本参数

步骤6 选择"横排文字工具"，输入英文"Honeys"，设置字体为 Kunstler Script、字号为 36 磅，设置文本为白色、粗体，如图 6-10 所示。文本效果如图 6-11 所示。

图6-11　文本显示效果图

步骤7　按〈Ctrl + J〉快捷键复制文字层为"Honeys 副本"图层；鼠标右键单击该图层，在弹出的快捷菜单中选择"栅格化文字"命令，将文字层转换为普通层，隐藏文字图层。参数设置如图6-12所示。

图6-12　复制并栅格化文字层副本

图6-13　设置文本参数

步骤8　输入汉字"哈尼斯"，具体参数设置如图6-13所示；用同样的方法，复制文字图层并栅格化，然后隐藏文字层，如图6-14所示；调整文字的位置，如图6-15所示。

图6-14　复制并栅格化文字层

图6-15　调整文字位置

步骤9　按住〈Ctrl〉键，使用鼠标左键单击"哈尼斯副本"图层和"Honeys 副本"图层，同时选中这两个图层，按〈Ctrl + E〉快捷键，合并选中的两个图层；修改合并后的图层,名称设为"巧克力名称",如图 6-16 所示。

步骤 10 双击"巧克力名称"图层,打开"图层样式"对话框;勾选"斜面和浮雕"选项,设置样式为"内斜面",深度为 500%,光泽等高线为"环形",阴影模式为"柔光",颜色为黄色(R:255,G:255,B:90),其他参数设置如图 6-17 所示;勾选"描边"选项,设置大小为 5 像素,颜色为白色。如图 6-18 所示;勾选"内发光"选项,设置混合模式为"柔光",其他参数设置如图 6-19 所示;勾选"颜色叠加"选项,设置颜色模式为褐色(R:60,G:20,B:5),如图 6-20 所示;单击"确定"按钮,完成后的文字效果如图 6-21 所示。

图 6-16 合并图层并重命名

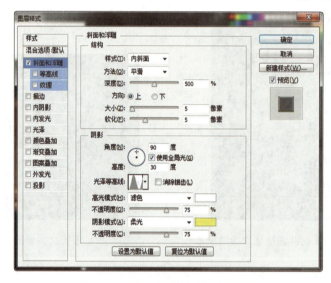

图 6-17 设置"斜面和浮雕"参数

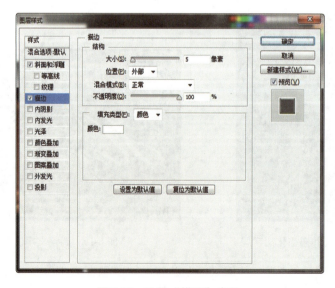

图 6-18 设置"描边"参数

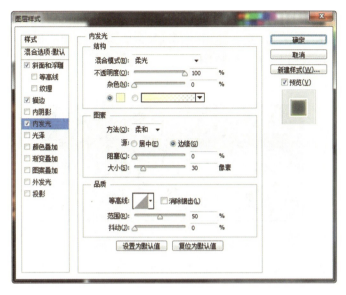

图 6-19　设置"内发光"参数

图 6-20　设置"颜色叠加"参数

图 6-21　文字效果

步骤 11 打开图片素材"巧克力.jpg";使用"魔棒工具"选择白色背景,然后按〈Ctrl + Shift + I〉快捷键进行反选;使用"移动工具"将巧克力图形对象移动到"巧克力包装平面图"中;按〈Ctrl + T〉快捷键添加变形框,使用〈Shift〉键,将巧克力图形进行等比例缩小,并摆放到合适位置。效果如图 6-22 所示。

图 6-22 添加巧克力图形对象

步骤 12 打开图片素材"溅射.png",使用"移动工具"将图形对象直接移动到"巧克力包装平面图"中,调整其大小和位置;按〈Ctrl + B〉快捷键,在弹出的"色彩平衡"对话框中设置色阶为(50,0,0),如图 6-23 所示;单击"确定"按钮,调整后的效果如图 6-24 所示。

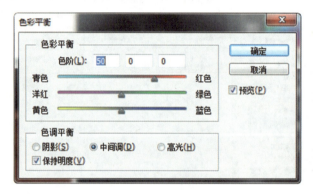

图 6-23 调节色彩平衡

图 6-24 色彩平衡效果

注意事项

色彩平衡的调节是为了保证导入的素材色调与当前图像一致。

步骤 13 选择"横排文字工具",在相应的位置输入"TM""丝滑牛奶夹心巧克力""净含量:15 克"等文字。效果如图 6-25 所示。

图 6-25 文字输入后效果

注意事项

为了能够看清楚文字"丝滑牛奶夹心巧克力""净含量:15 克",使用了 3 像素的描边,描边颜色使用的是咖啡色。

步骤 14 打开图片素材"背面背景 1.jpg",使用"移动工具"将其直接拖拽到"巧克力包装平面图"文件中,按〈Ctrl + T〉快捷键添加变形框,调整大小及位置,使其完全覆盖上部分黑色区域。效果如图 6-26 所示。

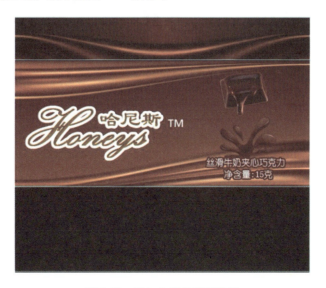

图 6-26 添加上部分背面背景

步骤 15 按〈Ctrl+M〉快捷键，打开"曲线"对话框，在对话框中设置参数：输出为 190，输入为 110，如图 6-27 所示。

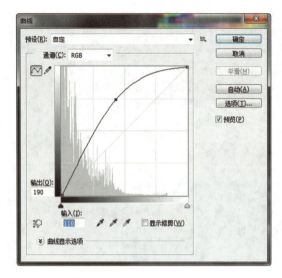

图 6-27　设置"曲线"参数

步骤 16 使用"文字工具"输入"哈尼斯精选巧克力（41% 可可成分）""含有微微榛子和焦糖风味的牛奶夹心巧克力"，调整文字的字体、字号、颜色、样式等，效果如图 6-28 所示。

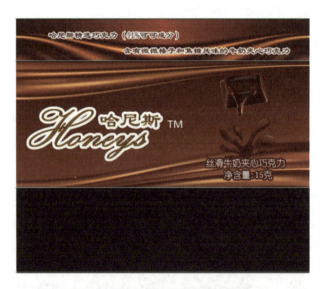

图 6-28　输入文字并设置格式效果

步骤 17 单击图层面板最下方的"创建新图层"按钮，添加"图层 6"；使用"矩形选框工具"选择图中下部分黑色区域；单击"渐变工具"，在"渐变编辑器"中选择预设的"铜色渐变"，如图 6-29 所示；使用"角度渐变"工具在黑色矩形选择区域内从左上角向左下角拉出一条直线，填充渐变色。效果如图 6-30 所示。

图6-29 选择预设渐变色　　　　图6-30 填充"角度渐变"效果

步骤18 按〈Ctrl + D〉快捷键取消选区；打开图片素材"背面背景2.jpg"，使用"移动工具"将其直接拖拽到"巧克力包装平面图"文件中，按〈Ctrl + T〉快捷键，添加变形框，调整大小及位置，使其完全覆盖下部分的黑色区域。效果如图6-31所示。

图6-31 添加下部分背面背景

步骤19 单击图层面板底部的"添加矢量蒙版"按钮，为"图层7"添加图层蒙版；使用"魔棒工具"选择白色区域，按〈Alt + Delete〉快捷键，为图层蒙版填充黑色，如图6-32所示。

步骤20 单击"图层7"的"图层缩览图"，按〈Ctrl + B〉快捷键，在弹出的"色彩平衡"对话框中，设置色阶为（100，25，-60），如图6-33所示；单击"确定"按钮，调整后的效果如图6-34所示。

图 6-32 添加并编辑图层蒙版

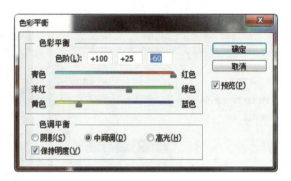

图 6-33 调节色彩平衡

图 6-34 色彩平衡效果

步骤 21 在图层面板中单击"巧克力名称"图层,按〈Ctrl + J〉快捷键,复制出"巧克力名称副本"图层,将该图层移动至"图层 6"和"图层 7"之间;使用"移动工具"将图片中的巧克力名称移动到相应位置并等比例缩小。效果如图 6-35 所示。

图 6-35 复制并移动文字后效果

步骤 22　选择"图层 7"为当前工作层；新建"图层 8"，使用"矩形选框工具"在已完成的图片上方和下方各拖拽出一个大小相同的矩形选框，填充咖啡色（R:100，G:30，B:15），这部分将作为包装纸向后翻卷的黏合处。效果如图 6-36 所示。

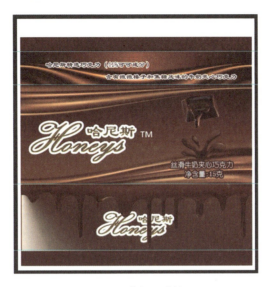

图 6-36　黏合区域效果

步骤 23　新建"图层 9"，按〈Ctrl + Alt + Shift + E〉快捷键，在"图层 9"建立盖印效果，如图 6-37 所示；按〈Ctrl + H〉快捷键，隐藏参考线，得到巧克力包装平面设计最终效果图，如图 6-38 所示。

图 6-37　盖印效果　　　　　　　　图 6-38　最终效果

步骤 24　打开图片素材"巧克力包装立体效果模版.psd"，鼠标左键双击"design"图层的缩览图，如图 6-39 所示；在弹出的对话框中单击"确定"按钮保存文件，如图 6-40所示。

图6-39 双击"design"图层

图6-40 存储编辑提示

步骤25 在打开的图层文件中,置入巧克力包装的正面图形,调整图像大小,使之填满整个画面,如图6-41所示。

图6-41 复制并调整图形大小

步骤26 按〈Ctrl + S〉快捷键,保存文件,然后关闭该文件,效果如图6-42所示。

图6-42 立体包装效果

步骤27 打开图层面板中的图层文件夹 BG,选择"Layer 11"图层,如图 6-43 所示;使用"渐变工具"在"渐变编辑器"中选择预设的"铜色渐变";使用"角度渐变"工具在背景区域内从左下角向右下角拉出一条直线,填充渐变色。巧克力包装的立体效果如图 6-44 所示。

图 6-43 选择图层

图 6-44 巧克力包装立体效果图

五、技巧点拨

(1) 图层蒙版的使用,可以让我们最大限度地保留素材原貌,且为后期的再次修改提供了极大的便利。

(2) 盖印图层就是将已经处理完毕的所有可见层的效果盖印到新的图层上,虽然功能和合并图层差不多,不过比合并图层更好用。因为盖印是相当于把所有可见图层合并生成一个新的图层,而对已处理的图层没有任何影响。这样做的好处是,如果你觉得之前处理的效果不太满意,你可以删除盖印图层,之前做的所有图层依然还在。这在很大程度上方便了我们处理图片,也可以节省时间。

任务 2 设计"中秋月饼"包装

一、任务要求

本任务要设计制作中秋月饼的包装。在设计之初,我们需要对月饼包装背后的文化进行了解和分析。八月十五是我国传统的中秋节,一切活动均围绕着月亮这一主题;中秋正值秋高气爽,是一年中最舒服的季节;中秋节的象征食物莫过于月饼,月饼还象征着全家团圆之意。所以在月饼包装盒的设计思路上,可以追求新颖,但更应以喜庆、团圆为主题。考虑到月饼作为食品,需要运用到色彩对人的心理暗示这一设计技巧,以激发人的品尝欲望,所以在配色方面以橙、黄等暖色为佳。

在本任务中,需要使用到移动工具、矩形选框工具、多边形套索工具、魔棒工具、渐变工具、矩形工具、钢笔工具、文字工具等;需要对不同的素材对象进行选取,并使用移动工具进行组合;需要运用渐变工具和调节图层的透明度操作创设过渡柔和的色彩;需要合理运用图层蒙版对图像进行层叠；需要使用文字工具，输入并编辑包装中的产品名称和相关说明文字；需要使用图层样式增强图形对象的质感；需要使用钢笔工具绘制包装盒的立体效果图；需要使用"斜切"等命令对平面图形进行变形操作，以达到三维的立体效果。

二、效果展示

如图 6-45 所示为月饼包装平面设计图，图 6-46 所示为月饼包装的立体效果。

图 6-45　月饼包装平面设计图

图 6-46　月饼包装立体效果图

三、知识链接

1. 画笔描边路径

描边是平面设计中常用的一个操作，描边的方法有许多种，其中，使用画笔描边路径是一种常用的方法。这种方法的好处是能够精确把握描边的颜色、粗细、线形。具体操作方法是：先绘制一条路径（开放式或闭合式），然后选择画笔工具，在画笔工具的属性栏设置画笔的笔尖形状、粗细、颜色、硬度、间隔等参数,最后在路径面板下方单击"使用画笔描边路径"即可。需要注意的是,描绘出来的图形必须是在路径面板中的普通层上。

2. 锁定透明像素

锁定透明像素是指在 Photoshop 操作中,对选定图层内的透明、无像素部分进行锁定,不允许操作。这样做,便于对该图层中的图形图像进行有效操作,如绘制、填充等。

3. 图层样式

图层样式是指 Photoshop 中的一项图层处理功能,是后期制作图片以期达到预期效果的重要手段之一。

图层样式的功能强大,能够简单快捷地制作出各种立体投影、各种质感及光景效果的图像特效。与不用图层样式的传统操作方法相比较,图层样式具有速度更快、效果更精确、可编辑性更强等优势。

四、制作向导

确定月饼包装盒长度和宽度均为 40 cm,高度为 10 cm,出血后的长度可在实际打印输出前再增加。由于本任务为制作效果图,同时考虑到要保障计算机设备顺畅运行,所以新建文件的大小为实际产品的 1/10。

步骤 1　启动 Photoshop CS6,按〈Ctrl + N〉快捷键,新建文件宽度为 11 cm,高度为 8 cm,分辨率为 200 像素/英寸,颜色模式为 RGB,背景为白色,文件名为"月饼包装平面图"。文件参数设置如图 6-47 所示。

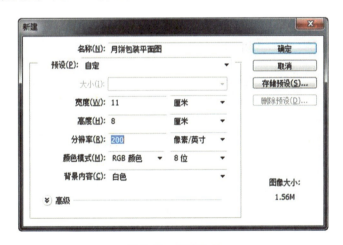

图 6-47　新建文件

步骤 2　按〈Ctrl + R〉快捷键显示标尺,使用鼠标左键由标尺处手动拖拽出几条参考线,如图 6-48 所示。

> **注意事项**
>
> 如果要设置更为精确的参考线位置,可使用菜单命令。具体的参数是:水平为 1 cm、2 cm、6 cm、7 cm,垂直为 1 cm、5 cm、6 cm、10 cm。

图6-48 新建参考线

步骤3 新建"图层1",使用"矩形选框工具"绘制月饼盒的上方正面的正方形区域;选择"渐变工具"在"渐变编辑器"中编辑新的渐变色,由黄色(R:255,G:255,B:0)向橙色(R:255,G:110,B:0)渐变,单击"确定"按钮,如图6-49所示;单击"径向渐变"按钮,在选区中心向边角拉出一条直线,填充渐变,如图6-50所示。

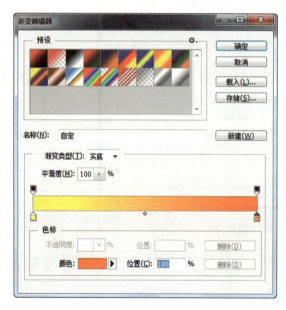

图6-49 编辑渐变

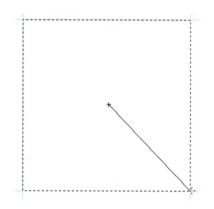

图6-50 "径向渐变"设置

步骤4 用同样的方法,填充月饼盒的底面正方形区域,如图6-51所示。

步骤5 使用"矩形选框工具"绘制月饼盒的四个矩形侧面区域;设置前景色为橙色(R:255,G:110,B:0),按〈Alt+Delete〉快捷键,使用前景色填充,如图6-52所示。

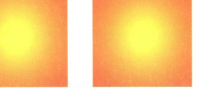

图6-51　渐变填充效果　　　　　　　　　图6-52　填充橙色

注意事项

月饼包装平面设计图中，右侧的正方形为包装盒的上面（正面），左侧的正方形为包装盒的底部。

步骤6　使用"钢笔工具"绘制月饼盒底部四条边和正面左侧的一条边；选择"画笔工具"设置画笔为"硬边圆1像素"；按字母〈D〉键，设置默认前背景色；在路径面板底部单击"用画笔描边路径"按钮，按〈Ctrl + H〉快捷键，隐藏参考线，如图6-53所示。

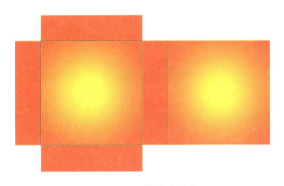 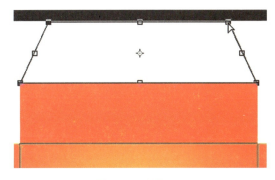

图6-53　画笔描边路径　　　　　　　　　图6-54　路径变形

步骤7　单击"路径"面板底部的"创建新路径"按钮，使用"矩形工具"在月饼盒右上方绘制一个矩形路径；使用"路径选择工具"选择刚刚绘制的矩形路径，执行菜单命令"编辑"→"变换路径"→"透视"，用鼠标左键按住变形框右上角的控制点向左移动，将矩形路径变形为梯形，如图6-54所示。

步骤8　新建"图层2"，确定画笔为"硬边圆1像素"，在"路径"面板底部单击"用画笔描边路径"按钮；用同样的方法绘制其他路径并描边。效果如图6-55所示。

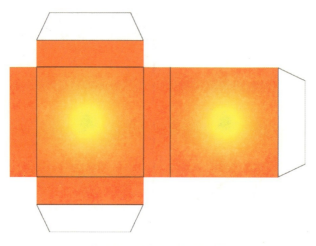

图 6-55　画笔描边路径效果

技巧点拨

以上描边的路径都是一样的，只是位置和角度不同，请同学们开动脑筋，用复制路径的方法试一试。

步骤 9　按〈Ctrl + O〉快捷键，打开图片素材"金黄色花纹.jpg"；使用"移动工具"将其拖拽到"月饼包装平面图"中；按〈Ctrl + T〉快捷键添加变形框，并等比例缩小。效果如图 6-56 所示。

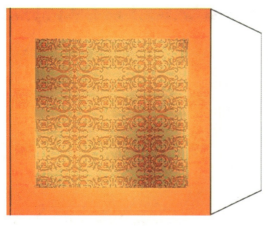

图 6-56　调整图片素材

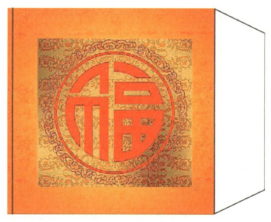

图 6-57　调整图片素材

步骤 10　按〈Ctrl + O〉快捷键，打开图片素材"福字花纹.jpg"；使用"魔棒工具"选择图片中红色福字及花纹，使用"移动工具"将其拖拽到"月饼包装平面图"中；按〈Ctrl + T〉快捷键添加变形框，并等比例缩小。效果如图 6-57 所示。

步骤 11　选择"图层 3"，单击"图层"面板底部的"添加图层蒙版"按钮，为"图层 3"添加图层蒙版；选择"渐变工具"，在"渐变编辑器"中选择预设的"前景色到背景色渐变"，从福字的中心向边角拉一条直线，填充"径向渐变"；选择"图层 4"，将其不透明度改为 50%。效果如图 6-58 所示。

图 6-58 添加图层蒙版的渐变效果

步骤 12 单击图层面板底部的"添加图层样式"按钮，在弹出的菜单中选择"斜面和浮雕"，设置参数如图 6-59 所示，单击"确定"按钮。

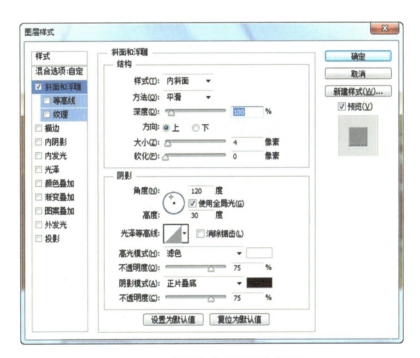

图 6-59 "图层 4"的图层样式设置

步骤 13 按〈Ctrl + O〉快捷键，打开图片素材"中秋文字.png"；用"移动工具"将"中秋"两个字拖拽到"月饼包装平面图"中，并调整文字的大小和位置；使用"多边形套索工具"框选"秋"字，用"移动工具"将其向下移动到合适位置；双击

"图层6",添加图层样式"投影",设置参数如图6-60所示,单击"确定"按钮。效果如图6-61所示。

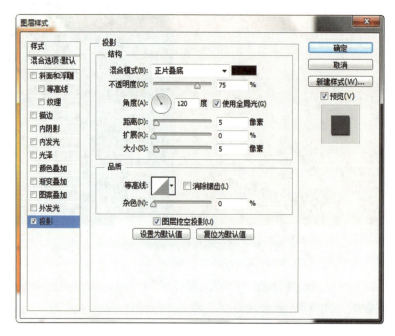

图6-60 "图层5"的图层样式设置

图6-61 添加文字效果图

步骤14 按〈Ctrl+O〉快捷键,打开图片素材"月亮.jpg";使用"魔棒工具"选择图片四个边角的白色背景,按〈Ctrl+Shift+I〉快捷键反选,用"移动工具"将月亮图片拖拽到"月饼包装平面图"中,并调整到合适的大小和位置;为"图层6"添加图层样式"外发光",设置参数如图6-62所示,单击"确定"按钮。效果如图6-63所示。

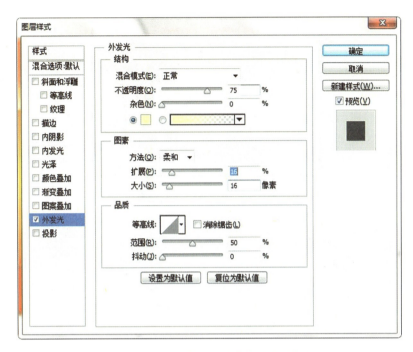

图 6-62 "图层 6"的图层样式设置

图 6-63 添加月亮图片效果图

步骤 15 按〈Ctrl + O〉快捷键,打开图片素材"月饼.jpg";使用"魔棒工具"选择图片四个边角的白色背景,单击"添加到选区"按钮,将未选中的白色区域添加到选区,如图 6-64 所示;按〈Ctrl + Shift + I〉快捷键反选,执行"选择"→"修改"→"收缩"命令,设置收缩量为 1 像素;执行"选择"→"修改"→"羽化"命令,羽化半径为 1 像素;用"移动工具"将月饼图片拖拽到"月饼包装平面图"中,并调整到合适的大小和位置;为"图层 7"添加图层样式"投影",设置参数如图 6-65 所示,单击"确定"按钮。效果如图 6-66 所示。

图 6-64　选择图片素材背景

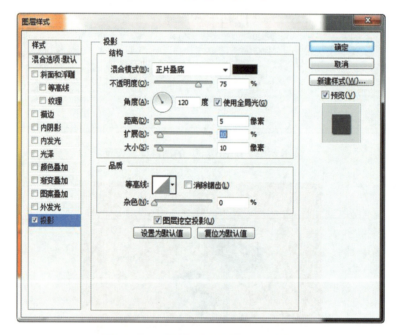

图 6-65　"图层 7"的图层样式设置

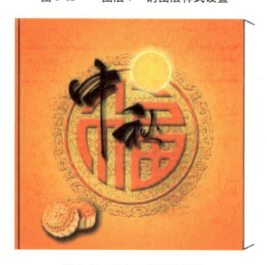

图 6-66　添加月饼图片效果

注意事项

在图6-64中,由于背景图不是纯白色,所以使用魔棒工具不能一次选中所有背景。调节魔棒的属性"容差"有一定效果,但同时也要注意是否会因大容差而误选到月饼上相近的颜色。所以,较为稳妥的做法是通过"添加到选区"的方式,多次单击达到完全选中背景的效果。

步骤16 按〈Ctrl + O〉快捷键,打开图片素材"月是故乡明.png";使用"移动工具"将"月是故乡明"文字图片拖拽到"月饼包装平面图"中,并调整到合适的大小和位置,设置前景色为橙色(R:255,G:110,B:0);选择"图层8",单击图层面板中的"锁定透明像素"按钮,按〈Alt + Delete〉快捷键填充前景色;为"图层8"添加图层样式"外发光",设置参数如图6-67所示,单击"确定"按钮。效果如图6-68所示。

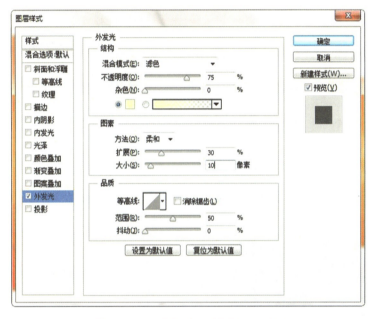

图6-67 "图层8"的图层样式设置

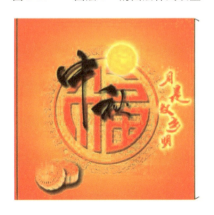

图6-68 添加文字效果

步骤 17 按〈Ctrl + O〉快捷键，打开图片素材"黑白云纹.jpg"；使用"魔棒工具"选择图片中的黑色云纹，不要勾选属性栏中的"连续"选项；用"移动工具"将选择对象拖拽到"月饼包装平面图"中，并调整到合适的大小，使其完全覆盖包装盒的底部区域；选择"图层9"，单击图层面板中的"锁定透明像素"按钮，按〈Alt + Delete〉快捷键填充前景色，调整图层不透明度为"30%"。效果如图6-69所示。

图6-69　添加包装盒底部云纹

步骤 18 选择"直排文字工具"设置文字的字体、字号、颜色，如图6-70所示；在包装盒底部区域自右向左输入直排文字，如图6-71所示。

图6-70　字符设置

图6-71　添加文字效果

步骤 19 按〈Ctrl + O〉快捷键，打开图片素材"质量安全标志.jpg""条形码.jpg"；使用"移动工具"将其拖拽到"月饼包装平面图"中，调整大小、位置、角度。最终效果如图6-72所示。

图 6-72 月饼包装平面设计图

步骤 20 按〈Ctrl + N〉快捷键，新建文件宽度为 9 cm，高度为 7 cm，分辨率为 200 像素/英寸，颜色模式为 RGB，背景为白色，文件名为"月饼包装立体效果"。文件参数设置如图 6-73 所示。

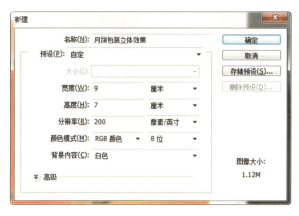

图 6-73 新建文件

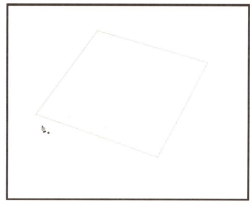

图 6-74 绘制月饼盒顶部路径

步骤 21 使用"钢笔工具"绘制月饼盒顶部俯视角度的四边形路径，如图 6-74 所示；再绘制出月饼盒两个侧面，如图 6-75 所示。

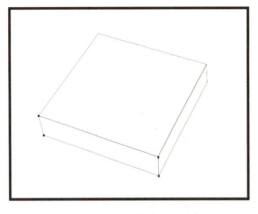
图6-75 绘制月饼盒侧面路径

图6-76 移入月饼盒顶部图案

步骤22 新建"图层1",按字母〈D〉键恢复默认前背景色;选择"画笔工具",在属性栏中设置画笔为"硬边圆2像素";在路径面板底部单击"用画笔描边路径"按钮,得到与路径相同的描边效果。

步骤23 打开制作完成的"月饼包装平面图.psd";在"图层"面板最上方新建一个"盖印"图层,用"矩形选框工具"选择月饼包装盒顶部正方形图案,使用"移动工具"将其拖拽到"月饼包装立体效果"图中。效果如图6-76所示。

步骤24 按〈Ctrl+T〉快捷键,为图形添加变形框;将"图层2"中的图形与"图层1"中的图形左上角对齐,把图形中间位置的中心点对齐,如图6-77所示。

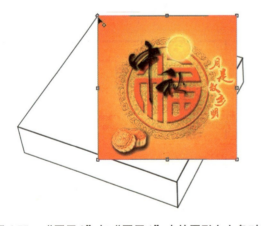

图6-77 "图层2"与"图层1"中的图形左上角对齐 　　图6-78 调整盒顶图形

步骤25 执行"编辑"→"变换"→"斜切"命令,用鼠标左键将图像的另外三个顶点与"图层1"中的图形重合,如图6-78所示。

> **技巧点拨**
>
> 图像变形中的"斜切"功能,可以使平面图片具有不规则的3D即视感,一般多用于在二维平面表达三维空间。"透视"功能也有类似效果,但不适用本任务。

步骤 26 选择"图层1",使用"魔棒工具"选择左侧面区域,在新建"图层3"中填充橙色(R:255,G:110,B:0);用同样的方法,在新建"图层4"中用橙色填充右侧面区域。效果如图 6-79 所示。

图 6-79 填充侧面

注意事项

分图层填充是为了便于后期的修改。

步骤 27 按〈Ctrl+R〉显示标尺,从左侧标尺处用鼠标左键拖拽出三条竖直参考线,每条参考线都经过盒子底部的角点,如图 6-80 所示。

图 6-80 新建参考线

图 6-81 绘制矩形选区

步骤 28 在图层面板中选择顶层为当前工作层,新建"图层5";使用"矩形选框工具"在左边两根参考线之间绘制一个矩形选区,如图 6-81 所示。

步骤29 选择"渐变工具",在"渐变编辑器"中编辑从浅灰色(R:220,G:220,B:220)向透明色渐变的渐变色,如图6-82所示;在矩形选区中,从上向下填充"线性渐变",如图6-83所示。

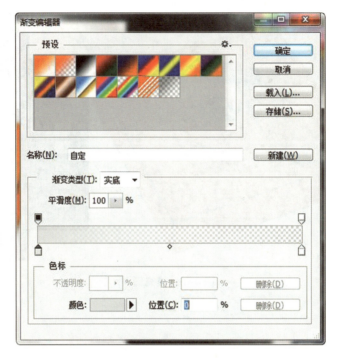

图6-82 编辑渐变

图6-83 填充渐变

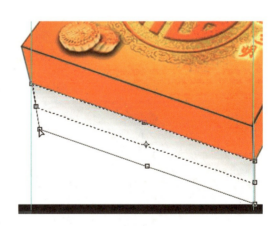

图6-84 变形调整

步骤30 执行"编辑"→"变换"→"斜切"命令,用鼠标左键按住变形框右侧中间的控制点竖直向下移动,使整个选区的倾斜角度也与左侧盒面平行;移动整个选区到合适位置,微调变形框的各控制点,如图6-84所示;按〈Enter〉键,确认变形操作,完成盒子一个侧面的倒影效果制作;新建"图层6",用同样的方法绘制右侧盒面的倒影效果,把"图层5"和"图层6"拖放到背景层上方。效果如图6-85所示。

项目六 包装设计

图 6-85　倒影效果

步骤 31　选择"渐变工具",在"渐变编辑器"中编辑从浅黄色(R:250,G:230,B:180)向白色渐变的渐变色,在背景层中从上向下填充"线性渐变";按〈Ctrl + H〉快捷键隐藏参考线。最终效果如图 6-86 所示。

图 6-86　月饼包装立体效果图

项目总结

本项目旨在让大家在学习前面几个项目的基础上学会并熟练掌握选框工具、魔棒工具、渐变工具、矩形工具、钢笔工具、文字工具等的应用。如对不同的素材对象进行选取时,能够选用适合的选取工具;运用渐变工具和调节图像的透明度操作创设过渡柔和的色彩;使用文字工具设置适合的参数,在包装上输入文字并编辑达到要求的效果;使用钢笔工具绘制各种路径，并能应用路径进行描边，形成需要的线条形状。除各种工具以外，同学们还需要掌握一些常用命令，如图层样式、变形、图层蒙版等。同时，在设计包装的立体效果时，能够使用已有的 PSD 格式模板进行二次编辑加工，提高作图效率。

本项目可以使大家对包装的概念有较为深入的了解，掌握包装设计的基本技能和技巧，合理布局和安排素材，在包装设计的规范性和功能性上初窥门径。

实战演练

1. 制作红酒包装盒平面效果图

新建文件宽度为 10 cm，高度为 12 cm，分辨率为 200 像素/英寸。使用"新建参考线"命令添加参考线，使用"钢笔工具"绘制路径并填充黑色。使用"矩形选框工具"绘制包装盒每个面并描边灰色，形成各个面的分隔线。加入酒瓶素材，并在瓶身空白处贴上标签。放置边角花纹图案，使用"复制图层"的功能复制多个花纹并摆放在合适位置，将黑色背景上的花纹填充成红色。用同样的方法在顶盖和底盖处加入花纹。输入竖排文字"QinChao dry red wine"。导入质量安全标志和条形码，调节大小并摆放至合适位置。隐藏参考线，完成红酒包装盒平面效果图的制作。

2. 制作红酒包装盒立体效果图

新建文件宽度为 10 cm，高度为 12 cm，分辨率为 200 像素/英寸。填充"橙黄橙"径向渐变为背景色。使用"钢笔工具"绘制路径并描边灰色，形成包装盒立体外形。打开"红酒包装盒平面效果图"（图 6-87），按〈Ctrl + Alt + Shift + E〉快捷键实现盖印效果。使用"矩形选框工具"选择包装盒的正面、侧面和顶盖，复制到新建文件中。使用"斜切"命令，调整各个面的边角，使其与灰色边线完全贴合。完成红酒包装盒立体效果图的制作（图 6-88）。

图 6-87　红酒包装盒平面效果图

图 6-88　红酒包装盒立体效果图

课后习题

一、单选题

1. 为对象添加变形框的快捷键是（　　）。
   A.〈Ctrl + D〉　　B.〈Ctrl + T〉　　C.〈Shift + T〉　　D.〈Ctrl + Shift + T〉

2. 下列不是渐变效果的是（　　）。
   A. 线性渐变　　B. 径向渐变　　C. 角度渐变　　D. 多角度渐变

3. 如图所示，左图为素材图片，要想达到右图的效果，可以使用图层蒙版，将蒙版设置为白黑色的效果选项为（　　）。
   A. 线性渐变　　B. 径向渐变　　C. 对称渐变　　D. 菱形渐变

4. 在"字符"面板可以设置文字的属性是（　　）。
   A. 字体　　B. 左缩进　　C. 右缩进　　D. 水平居中

5. 如果使用"椭圆选框工具"画出一个以鼠标为中心的圆形选区，应按住（　　）。
   A.〈Shift + Ctrl〉　　B.〈Ctrl + Alt〉　　C.〈Alt + Shift〉　　D.〈Tab + Shift〉

二、多选题

1. 单击"添加图层样式"按钮，在弹出的菜单中的命令有（　　）。
   A. 投影　　B. 斜面和浮雕　　C. 光泽　　D. 正片叠底

2. 拖动色相滑块改变图像颜色，打开"色相/饱和度"对话框，可以选择的方法有（　　）。
   A. 执行"图像"→"调整"→"自然饱和度"命令
   B. 执行"图像"→"调整"→"色相/饱和度"命令
   C. 按下〈Ctrl + B〉快捷键
   D. 按下〈Ctrl + U〉快捷键

3. 更改图层顺序的方法有（　　）。
   A. 选择图层，然后上下拖拽可以移动改变图层顺序
   B. 执行"图层"→"排列"命令，在其后的子菜单中可以选择改变图层顺序中的一种
   C.〈Ctrl +]〉（向上移动一层）

D. 〈Ctrl + [〉（向下移动一层）

4. "路径选择工具"可以对选择的路径进行的操作包括（　　）。

A. 分布　　　　B. 排列　　　　C. 组合　　　　D. 移动

5. 蒙版文字选区范围可以像普通选区范围一样进行（　　）。

A. 移动　　　　B. 复制　　　　C. 填充　　　　D. 描边

三、判断题

1. 平面设计是 Photoshop 应用最为广泛的领域，无论是图书封面，还是招帖、海报，这些平面印刷品通常都需要使用 Photoshop 软件对图像进行处理。（　　）

2. 由于图层复合仅能记录可视性、位置和外观，因此它有一定的局限性，不能存储图像中的所有信息。（　　）

3. Photoshop CS6 中缩放工具的快捷键是 T。（　　）

4. 快速显示或隐藏标尺的快捷键是〈Ctrl + H〉。（　　）

5. 选中"直排文字工具"后，单击画布，会在当前图层创建一个新的文字图层。（　　）

项目七 UI 设计

七

UI 设 计

项目分析

UI 是 User Interface（用户界面）的简称，泛指用户的操作界面，包括各种软件、移动 App、网页、智能穿戴设备等。UI 设计是指对人机交互、界面美观的整体设计。

移动互联网的普及催生了智能手机的出现，目前智能手机已成为通信行业的主导产品，可视化和触摸式的操作要求手机 App 的 UI 更加美观、易于使用。

本项目将以手机 App 的 UI 设计为例进行讲解，通过制作一组与点餐类手机 App 相关的界面——开始界面、用户注册界面、每日推荐界面、人气菜品界面、点菜界面和确认菜品界面，让学生掌握相关的 Photoshop 功能。在制作过程中，将充分应用 Photoshop 强大的矢量绘图功能、剪贴蒙版功能，在不同的界面中绘制图形并进行界面的排版布局，再将食物的图片添加到界面中，输入相关的文字信息，完成设计。

在手机 App 的 UI 设计中，要关注的要素有很多，比如色彩搭配、平面构成、排版等。本项目的实施能让学生在这些方面都得到锻炼和提高。

任务 1　设计开始界面和用户注册界面

一、任务要求

本任务要设计制作一款手机 App 的开始界面和用户注册界面。开始界面是用户打开 App 最初看到的画面，开始界面一般较为简洁，主要包括 App 的名称、宣传语、登录信息等内容；用户注册界面是用户申请使用某款手机 App 时填写个人信息的界面。

二、效果展示

图 7-1 和图 7-2 分别是手机 App 的开始界面和用户注册界面，图中要素完整、布局合

理，能呈现必要的提示信息。

图 7-1　开始界面效果图

图 7-2　注册界面效果图

三、知识链接

1. 移动工具

在 Photoshop 中，移动工具主要用于文字、图像、图层或选区等内容的移动，使用它可以完成排列、移动和复制等操作。

选择移动工具后，工具选项栏中将显示其相关选项，如图 7-3 所示。

图 7-3　移动工具选项栏

- 选择"自动选择"选项时，在工作界面中单击图像的某处，可以自动跳转到该图像所在图层并完成相应操作，否则只能移动当前活动图层中的图像。
- 选择"显示变换控件"选项时，当前图层的图像四周出现定界边框，将光标指向边框的控制点，在移动图像的同时可以进行变形操作。
- 单击工具选项栏右侧的对齐和分布按钮，可以对齐、分布图层中的图像。
- 在使用移动工具时，按住〈Shift〉键的同时拖动鼠标，可以限制移动操作沿垂直、水平或 45°方向进行。
- 在使用移动工具时，按住〈Alt + Shift〉快捷键可以实现移动的同时进行复制。

2. 图层的对齐、分布与排列

在 Photoshop 中，图层是一个非常重要的概念，每个图像都由一个或多个图层组成，图层与图层之间是相互独立的，对当前图层（在"图层"调板中单击选中的图层）中的图像进行操作时，不会影响到其他图层，利用图层还可以方便地制作各种特殊图像效果，可以说图层是 Photoshop 的"灵魂"。

在图层的处理过程中，运用 Photoshop 中的"对齐"命令，可以快速地调整图层中图像之间的对齐效果。执行"图层"→"对齐"命令,在打开的下拉列表中,可以看到6种不同的图层对齐命令,如图7-4所示。

"分布"菜单　　　　　　　　　"对齐"菜单

图7-4　图层命令

分布图层与对齐图层的操作类似,该组命令可以使多个图层中的图像以一定的间隔进行分布。使用分布命令时,至少要有三个图层同时被选择。

在Photoshop中,各图层是按照自上而下的顺序叠放的,因此,在编辑图像时,通过调整图层的叠放顺序便可获得不同的图像效果。调整图层顺序的方法有两种:第一种是在"图层"调板中选定需要移动的图层,按下鼠标左键将其拖动到指定位置,释放鼠标,图层顺序将被调整。第二种是在"图层"调板中选择要改变顺序的图层,使其成为当前图层,然后选择"图层"→"排列"菜单中的相关命令,或者按其后的快捷键来调整图层顺序,如图7-5所示。

图7-5　"排列"菜单

四、制作向导

步骤1　启动Photoshop CS6,选择"文件"→"新建"命令,新建一个文件,大小为1080×1920像素,分辨率为72像素/英寸,颜色模式为RGB,背景为白色,文件名为"开始界面"。

步骤2　打开"sj.psd"文件,将素材拖入新建的"开始界面"文档中,置于画布中央,并将该图层命名为"手机外形"。

> **注意事项**
>
> 使用图层对齐方式,设置素材相对于画布背景在水平和垂直两个方向上均居中对齐。

步骤3　打开"beijing.jpg"素材图片,并将其拖入"开始界面"文档中,同样置于画布中央,将该图层命名为"背景",使用"图像"→"调整"→"去色"命令调整背景图像的颜色，并设置该图层的不透明度为50%。

步骤4 打开"sjdbxx.psd"，新建图层并使用黑色进行填充，在文档中使用"圆角矩形工具"绘制白色的移动信号图标、使用"自定形状工具"绘制浅灰色的蓝牙信号图标、使用"矩形工具"绘制白色的电池电量图标，将前景色设置为白色，使用文字工具输入"中国电信""5：18 PM"和"86%"，将文字字体设置为"微软雅黑"、大小设置为20磅（具体设置见图7-6），使用移动工具和对齐工具排列图标和文字，效果如图7-7所示。建立图层组并命名为"顶部信息"，把除黑色图层外的所有要素拖放到该图层组内，然后将"顶部信息"图层组拖入"开始界面"文档中，放至手机显示屏顶部。

图7-6 顶部信息中文字的设置

图7-7 顶部信息效果

步骤5 按〈Ctrl〉键的同时，选择背景图层建立一个与背景图片相同大小的选区，新建图层并用白色进行填充，设置该图层的不透明度为45%，命名为"白色半透明图层-45%"，放至手机显示屏的合适位置；按〈Ctrl+T〉快捷键调整顶部区域，确保该图层不要遮住顶部区域的信息。

> **注意事项**
> 按〈Ctrl〉键的同时单击图层缩略图，可以在有像素的区域创建选区，当需要在选区内设置效果时，可根据需要新建图层。

步骤6 使用"横排文本工具"分别输入"美诱""Miss You"，打开"shi.psd"文件拖入素材，使用移动工具和对齐工具将文本和图片排列整齐，效果如图7-8所示；使用"矩形选区工具"绘制一个比上述内容大小稍大的区域，新建图层并用白色填充，设置不透明度为66%，将该图层命名为"白色半透明图层-66%"，并将其拖放到上述文字和图片的底部；新建图层组并命名为"LOGO"，将本步骤的所有操作内容放入该图层组内。

图7-8 LOGO和宣传语效果

步骤7 使用"横排文本工具"输入"·想念了，就约出来吃个饭吧·"，将文字字体设置为微软雅黑、大小设置为24磅；使用"矩形选区工具"在文字上方拖出一个矩形区域，新建图层并将填充颜色设置为RGB（140，10，80）；将该图层的不透明度设置为80%，置于文字图层下方；新建名为"宣传语"的图层组，将本步骤所有的操作结果拖入该图层组内。

步骤8 使用"圆角矩形工具"绘制一个形似按钮的图形，并将填充颜色设置为灰色，宽度设置为545像素，高度设置为76像素，将圆角矩形的半径设置为15像素，设置图层样式的"斜面和浮雕"为"内斜面"，具体参数设置详见图7-9、7-10、7-11，复制两份；调整三个圆角矩形相对于背景图层水平居中对齐，在垂直方向均匀分布，将最下方的圆角矩形填充颜色设置为RGB（140，10，80），按图中的名称为各图层命名。设置效果如图7-12所示。

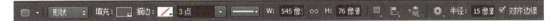

图7-9　圆角矩形的参数设置

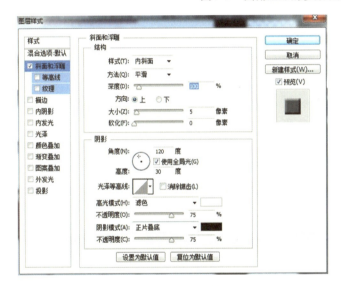

图7-10　圆角矩形的"斜面和浮雕"参数设置

图7-11　三个圆角矩形的图层信息

图7-12　三个圆角矩形的效果（一）

图7-13　调整圆角矩形的选区大小

注意事项

使用矢量图形绘制工具时，注意当前的绘制模式，矢量图形绘制模式有三种：形状、路径和像素。本项目中用到的矢量图形绘制模式是形状模式。

步骤9 按住〈Ctrl〉键的同时选中"灰圆角矩形 上"载入一个圆角矩形的选区，执行"选择"→"修改"→"收缩"命令，设置选区的收缩量为3像素（图7-13），新建图层并将填充颜色设置为RGB（140，10，80），取消选区；使用"矩形选区工具"选中右侧区域，使用〈Ctrl + J〉快捷键复制图层，并用白色进行填充，取消选区。复制上面创建的两个图层并拖放到中间的灰色圆角矩形上方，效果如图7-14所示。

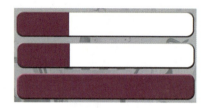

图7-14 三个圆角矩形的效果（二）

图7-15 设置文字的效果

步骤10 使用"横排文本工具"输入"用户名""密码""忘记密码"和"登录"，设置字体为微软雅黑，设置"用户名""密码"的文字大小为32磅、颜色为白色，设置"忘记密码"的文字大小为30磅、颜色为灰色，设置"登录"的文字大小为40磅、颜色为白色，调整文字的位置和字符间距，效果如图7-15所示。将步骤8～步骤10制作的所有图层建立图层组，并命名为"中部登录信息"。

步骤11 使用"矩形工具"绘制38×38像素的矩形，并设置填充颜色为无，设置2像素的白色描边（图7-16）。使用"自定形状工具"绘制复选标识，将颜色设置为RGB（140，10，80）。使用"横排文本工具"输入"下次自动登录""注册"，设置文字字体为微软雅黑、大小为30磅，将"下次自动登录"文字设为白色，将"注册"两个字的颜色设置为RGB（140，10，80），效果如图7-17所示。新建名为"底部信息"的图层组，并把本步骤所有的内容放入该图层组内，如图7-18所示。

图7-16 设置矩形的参数

图7-17 底部信息的效果

图7-18 底部信息图层组的构成

步骤12 新建一个文件，大小为1080×1920像素，分辨率为72像素/英寸，颜色模式为 RGB，背景为白色，文件名为"注册界面"。将"开始界面.psd"文件中的"手机外形"图层、"顶部信息"图层组、"LOGO"图层组和"宣传语"图层组拖入该文件中，调整到合适的位置。

步骤 13 使用步骤 8～步骤 10 的方法创建如图 7-2 所示的注册界面中的圆角矩形和文字，并使用"移动工具"和"对齐工具"调整图中各要素的位置。

五、技巧点拨

（1）调整字符间距可以使用〈Alt + →〉快捷键（增加间距）、〈Alt + ←〉快捷键（减少间距）来实现。

（2）在移动多个图层时，当各图层内容的相对位置关系不发生变化时，可以将图层链接起来，图层链接后就可以一起移动了。同样，也可以将多个图层放在一个图层组内，当选中图层组时，组内各图层的内容也可以一起移动。

任务 2　设计每日推荐和人气菜品界面

一、任务要求

本任务要设计制作每日推荐和人气菜品界面，在这两个界面中需要用到一些菜品的素材图片，为了使界面整体美观、协调，图片所处区域要做到大小一致、排列整齐。在 Photoshop 中，可以先使用矩形工具绘制符合需求的矩形，然后使用剪贴蒙版将所需要呈现的内容调整到位。

二、效果展示

如图 7-19 和图 7-20 所示为手机 App 的每日推荐界面和人气菜品界面，通过图片和文字传递菜品信息，通过合理布局让用户有较好的使用体验。

图 7-19　每日推荐界面

图 7-20　人气菜品界面

三、知识链接

1. 矢量图形工具

Photoshop CS6 提供了 6 种矢量形状工具，包括矩形工具、圆角矩形工具、椭圆工具、多边形工具、直线工具和自定形状工具，使用它们可以创建各种几何形状的矢量图形，也可以从预设形状中选择需要的形状进行绘制。

在绘制长宽比例相等的正形图形（如正方形和圆形等）时，可以在按〈Shift〉键的同时进行绘制。

2. 蒙版

蒙版是用来设置图像中某些区域的可见性的，Photoshop 中的图层蒙版是用来显示或隐藏图层中某些像素的。可以用蒙版与图层链接来控制图层中像素的可见性，蒙版中是黑色时表示该区域完全不可见，蒙版中是白色时表示该图层是完全可见的。图层蒙版是非破坏性的，其主要作用是保护图层内被屏蔽的图像区域。在图层蒙版中，如需单独移动蒙版，首先要解除图层与蒙版之间的锁，再选择蒙版，使用移动工具进行移动。

剪贴蒙版是一类特殊的蒙版，它需要两个或多个图层之间产生剪贴关系，达到限制图像显示范围的目的。在 Photoshop 中，剪贴蒙版是由两部分组成的，即基层和内容层。基层位于剪贴蒙版的下方，限制着上面所有内容层的显示范围，如果需要的话，可以创建有多个图层的剪贴蒙版。

使用文字工具可以创建文字蒙版，蒙版文字选区范围可以像普通选区范围一样进行移动、复制、填充、描边等操作。

四、制作向导

步骤 1 启动 Photoshop CS6，执行"文件"→"新建"命令，新建一个文件，大小为 1080×1920 像素，分辨率为 72 像素/英寸，颜色模式为 RGB，背景为白色，文件名为"每日推荐.psd"。

步骤 2 打开"开始界面.psd"文件，将"手机外形"图层、"顶部信息"图层组拖入文档，放置在文档中合适的位置。

步骤 3 使用"直线工具"和"自定形状工具"绘制菜单栏的标示，用"横排文字工具"输入"每日推荐"，使用移动工具和对齐工具对图形和文字进行排列，效果如图 7-21 所示。新建名为"菜单"的图层组，将本步骤操作结果拖入该图层组内。

图 7-21 每日推荐菜单栏

步骤 4 使用"文件"→"置入"命令，选择素材图片 ssgy.jpg，设置合适的大小放置在菜单栏下方，使用"自定形状工具"绘制箭头，调整箭头大小，设置图层样式为"斜面和浮雕"和"投影"效果（图 7-22 和图 7-23）。复制箭头，通过"编辑"→"变换路径"→"水平翻转"命令调整箭头方向，通过移动工具和对齐工具调整两个箭头的位置，效果如图 7-24 所示。将本步骤所有操作的结果放至新建图层组，并命名为"轮播菜品"。

项目七 UI 设计

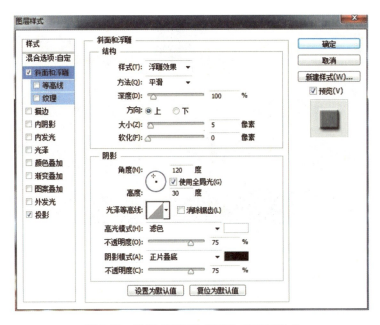

图 7-22 设置"斜面和浮雕"的图层样式

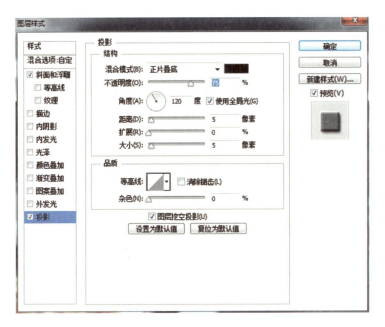

图 7-23 设置"投影"的图层样式

注意事项

图层样式的功能强大，能够简单、快捷地制作出各种立体投影，各种质感及光景效果的图像特效。与传统操作方法相比较，图层样式具有速度更快、效果更精确，可编辑性更强等优势。

图 7-24 轮播菜品效果

步骤 5 使用"横排文字工具"分别输入文字"全部类别""简餐便当""传统美食""西式套餐",将文字的字体设置为微软雅黑、大小设置为 30 磅,将"传统美食"的文字颜色设置为 RGB(140,10,80),将"全部类别""简餐便当""西式套餐"的文字颜色设置为白色。使用"直线工具"绘制一条宽 136 像素、高 2 像素的直线,将描边和填充的颜色设置为 RGB(140,10,80),移动直线至"传统美食"下方,效果如图 7-25 所示。将本步骤所有操作的结果放至新建图层组,并命名为"分类标识"。

图 7-25 分类标识效果

步骤 6 使用"矩形工具"绘制宽 340 像素、高 460 像素的矩形,使用白色进行填充和描边,设置图层样式为"投影"(图 7-26)。复制当前矩形,调整两个矩形位置。置入图片 sxls.jpg,调整图片大小,拖放到左侧矩形图层的上方,按〈Ctr + Alt + G〉快捷键创建剪贴蒙版。使用"矩形选框工具"在图片上方绘制一个矩形,新建图层,使用黑色进行填充,调整该图层的不透明度为 45%,使用"横排文字工具"输入文字,将文字设置为楷体、24 磅、白色,将文字置于黑色矩形上方。使用"横排文字工具"输入"三鲜芦笋",文字设置为微软雅黑、36 磅、白色,放置在图片下方,效果如图 7-27 所示。使用同样的方法设置右侧矩形上方的效果,将本步骤所有操作的结果放至新建图层组,并命名为"推荐菜品"。

步骤 7 使用"自定形状工具"绘制购物车和搜索图形。使用"椭圆选框选区工具"绘制正圆,新建图层并使用"3 像素"、"白色"对正圆选区进行描边。使用"椭圆工具"绘制稍大的正圆,将选框工具栏设置为"从选区内减去";使用"矩形选框工具"绘制矩形形成一个半圆,新建图层并使用"3 像素"、"白色"对半圆选区进行描边。调整正圆和半圆的位置,并合并图层,命名为"用户"。使用"横排文字工具"输入"订单""发现""我的",将文字字体设置为微软雅黑、大小为 18 磅,调整购物车、搜索、用户图形的位置,并将文字置于相应图形的下方,效果如图 7-28 所示。将本步骤所有操作的结果放至新建图层组,并命名为"底部标识"。

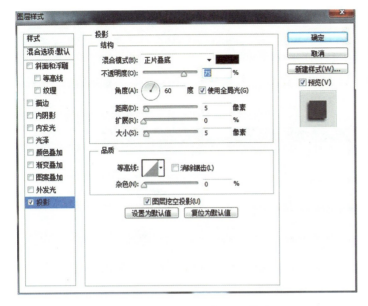

图 7-26 设置"投影"图层样式　　　　　图 7-27 分类标识效果

图 7-28 底部标识效果

步骤 8　存储"每日推荐.psd",并另存为"人气菜品.psd",将文档中的"轮播菜品""分类标识""推荐菜品"三个图层组删除。

步骤 9　打开"菜单"图层组,将文本图层中的"每日推荐"更改为"人气菜品"。

步骤 10　使用"矩形工具"绘制一个宽 326 像素、高 326 像素的矩形,使用白色进行填充和描边,设置图层样式为"投影",置入文件"sjyt.jpg",调整图片的大小和位置,放置在矩形上方,使用〈Ctrl + Alt + G〉快捷键创建剪贴蒙版。使用"矩形选框工具"在图片上方绘制一个矩形,新建图层并用黑色进行填充,设置不透明度为 70%。使用"横排文字工具"输入"水晶肴蹄",使用移动工具和对齐工具调整黑色矩形和文字的位置。使用"横排文字工具"输入价格、付款人数、店铺名称及满减优惠等内容,放置在图片下方并调整好位置。

注意事项

剪贴蒙板是由多个图层组成的,最下面的一个图层叫作基底图层(简称基层),位于其上的图层叫作顶层。基层只能有一个,顶层可以有若干个。基层决定合成后图形的形状,顶层决定合成后图形的内容。

步骤 11　使用"自定形状工具"绘制添加图形,并用白色进行填充和描边,将自定形状图层设置图层样式为"斜面和浮雕",具体参数如图 7-29 所示。使用"椭圆选区工具"绘制一个与添加图形大小相同的正圆,新建图层并用颜色 RGB(140,10,80)进行填充,设置图层样式为"外发光"(图 7-30)。新建的图层组命名为"水晶肴蹄",将步骤 10~步骤 11 的所有操作结果放入该图层组内,效果如图 7-31 所示。

步骤 12 按照步骤 10~步骤 11 的操作建立"大煮干丝"图层组、"菊叶蛋汤"图层组、"淮安茶馓"图层组,效果如图 7-32 所示。

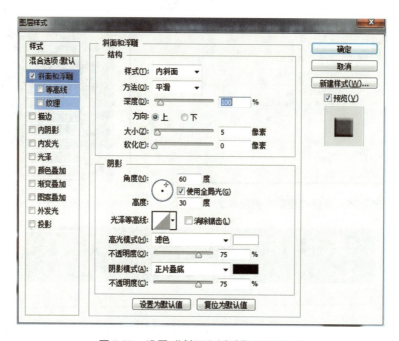

图 7-29 设置"斜面和浮雕"图层样式

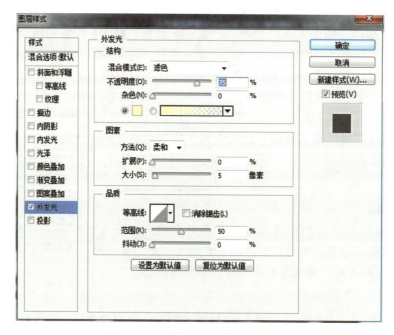

图 7-30 设置"外发光"图层样式

项目七 UI 设计

图 7-31 单个菜品效果

图 7-32 四个菜品效果

任务 3 ｜ 设计点菜界面和确认菜品界面

一、任务要求

本任务要设计制作手机 App 的点菜界面和确认菜品界面。通过前面的两个界面已经展示过菜品，用户通过对菜品的了解，接下来就是选择菜品并完成点菜和下单的操作了。

二、效果展示

如图 7-33 和图 7-34 所示为手机 App 的点菜界面和确认菜单界面，图中要素完整、布局合理，能呈现用户所需信息，有良好的使用体验。

图 7-33 点菜界面效果图

图 7-34 确认菜单界面效果图

155

三、知识链接

1. 图层样式

图层样式是依附于图层内容上产生的带有特殊效果的样式,在 Photoshop 中可以为图层添加 10 多种图层样式,如斜面和浮雕、描边、内阴影、发光、投影等效果。通过鼠标左键双击图层面板中的某一图层,或者在图层面板中某一图层被选中的情况下,单击图层面板下的"图层样式"按钮,就可以打开"图层样式"对话框,如图 7-35 所示。

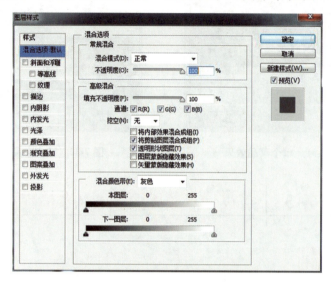

图 7-35 "图层样式"对话框

还可以通过打开"图层"→"图层样式"命令来设置图层样式,如图 7-36 所示。

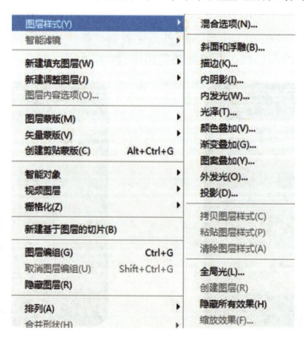

图 7-36 "图层样式"菜单

图层样式中有关混合模式的设置如图 7-37 所示，通过使用混合模式，可以把当前正在制作的图层图像的颜色、饱和度、亮度等多种元素与下面重叠的图层图像混合并显示在图像的窗口中。如果能合理使用，会产生意想不到的效果。此外，在图层上也可以直接设置混合模式，但是"背景"图层不支持混合模式。

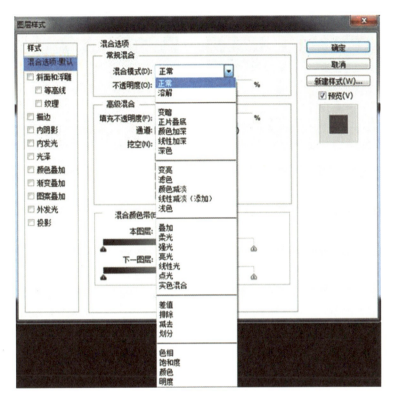

图 7-37　混合模式

清除图层样式的方法有：选择要删除样式的图层，将该图层右侧的图标拖动到删除图标上；选择图层，执行"图层"→"图层样式"→"清除图层样式"命令；右击"图层"，在快捷菜单中选择"清除图层样式"命令。

2. 字符面板和段落面板

在 Photoshop 中执行"窗口"→"字符"命令即可显示"字符"面板。默认情况下"字符"面板和"段落"面板同时出现，方便用户快速进行切换，从而快速设置文字的格式。在"字符"面板中可以对文字进行编辑和调整，包括对文字的字体、字号（即大小）、间距、颜色、显示比例和显示效果进行设置。"字符"面板的功能与文字工具属性栏相似，但其功能更全面。执行"窗口"→"段落"命令，即可打开"段落"面板。在"段落"面板中可以对大段文字的对齐方式、缩进、连字选项等进行设置。设置面板如图 7-38 所示。

"字符"面板　　　　　　　　　　"段落"面板

图7-38　设置面板

四、制作向导

步骤1　启动Photoshop CS6，执行"文件"→"打开"命令，打开"人气菜品.psd"文件，将"人气菜品"和"底部信息"两个图层组删除，将文档另存为"点菜界面.psd"。

步骤2　打开"菜单"图层组，删除内部各图层，使用"横排文字工具"分别输入"点菜""商户""评价"，将文字的字体设置为微软雅黑、大小设置为40磅，将"点菜"的颜色设置为RGB（140，10，80），将"商户"和"评价"的颜色设置为白色。使用"自定形状工具"绘制"后退"按钮，将"后退"按钮的"描边"和"填充"均设置颜色为RGB（140，10，80），高度和宽度均设置为60像素（图7-39），使用移动工具和对齐工具排列以上各要素。

图7-39　"后退"按钮的参数

图7-40　菜单栏效果

步骤3　新建"分类点菜"图层组，使用"横排文字工具"分别输入"全部分类""简餐便当""传统美食""西式套餐"，将文字的字体设置为微软雅黑、大小设置为30点，将"全部分类"的颜色设置为RGB（140，10，80），将"简餐便当""传统美食""西式套餐"的颜色设置为白色。使用"直线工具"绘制一条宽136像素、高2像素的直线，将"描边"和"填充"设置为RGB（140，10，80），如图7-41所示。

图7-41　直线的参数设置

步骤 4 使用"矩形工具"绘制一个宽 720 像素、高 320 像素的矩形,将"描边"设置为 RGB(140,10,80),将"填充"设置为无色,设置"投影"图层样式具体参数,如图 7-42、图 7-43 所示。

图 7-42 矩形的参数设置

图 7-43 "投影"图层样式参数设置

步骤 5 使用"椭圆工具"绘制一个宽和高均为 90 像素的正圆,将"描边"设置为无色,将"填充"设置为白色,如图 7-44 所示,图层样式设置为"斜面和浮雕"和"投影"。

图 7-44 椭圆的参数设置

步骤 6 执行"文件"→"置入"命令,置入外部文件"1.png",调整图片大小和位置,使用快捷键〈Ctrl+Alt+G〉创建剪贴蒙版,获得如图 7-45 所示效果。

步骤 7 使用"横排文字工具"输入"功夫淮扬菜""评分 4.9|月售 899"和"展开查看更多",用"竖排文字工具"输入"》",将文字的字体设置为微软雅黑、颜色设置为白色,将"功夫淮扬菜"和"》"的字号设置为 24 磅,将"评分 4.9|月售 899"和"展开查看更多"的字号设置为 18 磅,并调整文字到合适的位置。

图 7-45 店铺标志效果

步骤 8　使用"矩形选框工具"拖出一个矩形,新建一个图层,设置"描边"为颜色 RGB（140, 10, 80）, 设置"描边"宽度为 2 像素, 如图 7-46 所示, 复制该图层, 生成两个紫色边框的矩形框。使用"横排文字工具"输入"回头客多"和"菜品优质", 调整文字和边框对齐并放置在合适的位置。

步骤 9　使用"矩形工具"绘制一个矩形, 设置矩形的"填充"和"描边"颜色均为 RGB（140, 10, 80）, 设置"描边"线条为虚线, 设置矩形的高度和宽度

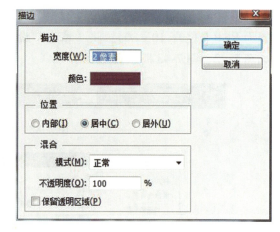

图 7-46　"描边"的参数设置

均为 160 像素, 如图 7-47 所示。执行"文件"→"置入"命令, 将图片"bbszt.jpg"置入当前文档, 调整图片大小和位置, 使用快捷键〈Ctrl + Alt + G〉创建剪贴蒙版。复制矩形, 使用同样的方法置入另外两幅图片, 调整大小和位置完成三个菜品的布局。

图 7-47　矩形的参数设置

步骤 10　使用"矩形选框工具"和"多边形套索工具"构建一个三角形的选区, 新建图层, 使用颜色 RGB（140, 10, 80）填充当前选区, 设置图层的不透明度为 80%。使用"横排文字工具"输入"￥36", 设置文字的字体为微软雅黑、大小为 14 磅、颜色为白色, 使用快捷键〈Ctrl + T〉调整文本的方向, 将价格标示放置在菜品的右上角。使用同样的方法设置另外两个菜品的价格, 效果如图 7-48 所示。

图 7-48　店铺 1 的效果图

步骤 11　使用步骤 4 ~ 步骤 10 的方法制作另外两个店家的菜品, 如图 7-49、图 7-50 所示。

图 7-49 店铺 2 的效果图

图 7-50 店铺 3 的效果图

步骤 11 执行"文件"→"打开"命令,打开"人气菜品.psd"文件,将"人气菜品"和"底部信息"两个图层组删除,将文档另存为"确认菜单界面.psd"。

步骤 12 打开"菜单"图层组,将文本图层中的文本"人气菜品"更改为"确认菜单"。

步骤 13 使用"椭圆工具"绘制一个高度和宽度均为 90 像素的正圆,将"填充"设置为白色、将"描边"设置为无色,如图 7-51 所示。执行"文件"→"置入"命令,置入外部文件"1.png",调整图片大小和位置,使用快捷键〈Ctrl + Alt + G〉创建剪贴蒙版。使用"横排文字工具"输入"功夫淮扬菜",排列文字和图片的位置,如图 7-52 所示。

图 7-51 椭圆的参数设置

步骤 14 使用"横排文字工具"输入"1.干锅有机花菜""￥26"和"1",设置文字的字体为微软雅黑、大小为 24 磅、颜色为白色。使用多个"……"连接菜品和价格,使用〈Tab〉键排列文字,在份数的前后使用"自定形状工具"绘制添加和删除两个按钮。将文本和添加、删除按钮复制多份,更改文本内容,使用移动工具调整文本和按钮的位置,使用分布工具、对齐工具将文本和按钮进行位置调整。点菜清单效果如图 7-52 所示。

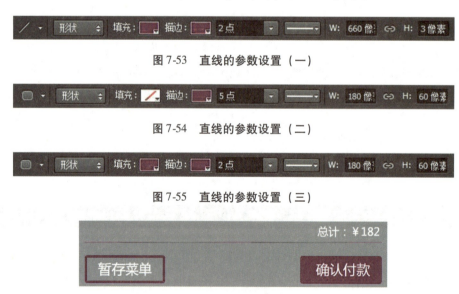

图 7-52　点菜清单效果

步骤 15　使用"横排文字工具"输入"总计：￥182"，设置文字的字体为微软雅黑、大小为 24 磅、颜色为白色。使用"直线工具"绘制一个"填充"和"描边"颜色为 RGB（140，10，80）、宽为 660 像素、高为 3 像素的直线（图 7-53）。在直线的下方绘制两个宽为 180 像素、高为 60 像素的圆角矩形，其中一个只设置"描边"（图 7-54），另一个既设置"描边"又设置"填充"（图 7-55）。效果如图 7-56 所示。

图 7-53　直线的参数设置（一）

图 7-54　直线的参数设置（二）

图 7-55　直线的参数设置（三）

图 7-56　设置效果

项目总结

本项目以智能手机 App 的 UI 设计为例，在三个任务中完成了六份综合作品的制作，

项目七 UI 设计

通过综合作品的制作让学生体会 Photoshop 中相关工具在实际工作中的用途，以达到学以致用的目的。

项目中用到的工具有文本工具、矢量图绘制工具、图层样式、剪贴蒙版等，Photoshop 处理的对象主要包括文字、图形、图像等。使用文本工具可以设置文字的字体、字号、字形；使用矢量图形绘制工具可以绘制矩形、椭圆、圆角矩形、直线及 Photoshop 自带的各种自定图形；使用文件菜单中的置入命令可以将外部的图片置入当前文件；使用图层的对齐、分布和排列工具可以对当前文件中的各图层进行调整；使用剪贴蒙版命令可以让图像在给定的特定区域内显示；使用图层样式可以设置图层特殊的显示效果。学生通过完成本项目的综合作品，可以锻炼文字、图形、图像的排版，以及矢量图形的绘制与设计能力，为今后从事设计类工作奠定基础。

实战演练

结合自己平时使用智能手机 App 的经验，设计一款 App 的 UI，包括开始界面、登录界面、注册界面和至少一个主要的功能界面，App 可以是学习类、旅游类、新闻资讯类，如图 7-57 所示。

图 7-57　手机 App 类别

课后习题

一、单选题

1. 在 Photoshop CS6 中，要改变文字的位置，可以选用的工具是（　　）。
   A．选框工具　　　B．移动工具　　　C．渐变工具　　　D．图章工具
2. 蒙版的主要作用是（　　）。
   A．保护被屏蔽的图像区域　　　B．遮挡图像

C. 创建选区　　　　　　　　　　D. 关闭图层

3. 在图层蒙版中，单独移动蒙版，下列操作正确的是（　　）。

A. 首先双击图层，然后选择移动工具

B. 用移动工具直接拖拽

C. 首先要解掉图层与蒙版之间的锁，删除图层后即可

D. 首先要解掉图层与蒙版之间的锁，再选择蒙版，然后选择移动工具即可

4. 使用矩形选框工具和椭圆选框工具时，能做出正确选区的操作是（　　）。

A. 按住〈Alt〉键并拖拽鼠标　　　　B. 按住〈Ctrl〉键并拖拽鼠标

C. 按住〈Shift〉键并拖拽鼠标　　　D. 按住〈Shift + Ctrl〉快捷键并拖拽鼠标

5. 下列清除图层样式的方法错误的是（　　）。

A. 选择要删除样式的图层，将该图层右侧的图标拖动到删除图标上

B. 选择图层，执行"图层"→"图层样式"→"清除图层样式"命令

C. 右击"图层"，在快捷菜单中选择"清除图层样式"命令

D. 执行"编辑"→"清除图层样式"命令

二、多选题

1. "图层\图层样式"菜单中的命令有（　　）。

A. 内阴影　　　B. 模糊　　　C. 内发光　　　D. 外发光

2. 更改图层顺序的方法有（　　）。

A. 选择图层，然后上下拖拽可以移动改变图层顺序

B. 执行"图层"→"排列"命令，在其后子菜单中可以选择改变图层顺序中的一种

C. 按〈Ctrl +]〉快捷键向上移动一层

D. 按〈Ctrl + [〉快捷键向下移动一层

3. 蒙版文字选区范围可以像普通选区范围一样进行（　　）。

A. 移动　　　B. 复制　　　C. 填充　　　D. 描边

4. 下列属于图层混合模式的有（　　）。

A. 溶解模式　　　B. 正片叠底　　　C. 线性加深　　　D. 滤色

5. 在"字符"面板可以设置字符的格式，包括（　　）。

A. 字间距　　　B. 左缩进　　　C. 右缩进　　　D. 水平缩放

三、判断题

1. 图层的混合模式命令用于为图层添加不同的模式，使图像产生不同的效果。（　　）

2. 选择移动工具，按住〈Alt + Shift〉快捷键，拖拽一条直线到适当位置的同时可复制该直线。（　　）

3. "背景"图层支持混合模式。（　　）

4. 单击"图层"控制面板下方的"添加图层样式"按钮，在弹出的菜单中可选择"外发光"命令设置效果。（　　）

5. 用"斜面和浮雕"图层样式可以实现图示效果。（　　）

项目八 移动网店装修

移动网店装修

项目分析

店招就是商店的招牌,有的地方叫"招子"。从品牌推广的角度来看,在繁华的地段,一个好的店招不仅是店铺坐落地的标志,也是店铺的关注度得到提高的重要途径。由此,网店美工这一职业便应运而生,店招也变得更加形象生动。

移动网店广告设计是针对消费者对图形、色彩、文字需求的综合运用。移动网店广告与店铺的跳失率、转化率息息相关。在淘宝网店主要展示的就是图片,没有好的图片视觉,很难实现网络营销的良好效果。制作一个精致、吸引买家的广告需要花很多心思,在注重效率的同时要与质量结合,学会快速制作出一个能够吸引买家的网店广告,不仅可以提高网店的浏览量,还能提高买家对商品的好感度,从而提高商品的销量。

商品详情页是提高转化率的入口,它可以激发买家的消费欲望,树立买家对店铺的信任感,打消买家的消费疑虑,促使买家下单。商品本身虽然对转化率起着决定性的作用,但好的宝贝详情页可以提高商品的转化率。

任务1 设计移动网店店招

一、任务要求

在注重效率的同时要与质量结合,学会快速制作出一个能够打动人心的店招,对于店铺来讲,是能够吸引客户进而留住客户的第一步。本任务要求结合产品特点,结合颜色搭配、设计风格及产品要素三个角度去制作适合的店招。

二、效果展示

如图8-1所示为坚果店铺移动网店店招,店招设计色彩鲜明,简洁明了。

图 8-1 店招设计效果图

三、制作向导

步骤 1 执行"文件"→"新建"命令,新建一个名为"店招设计",尺寸为 642×200 像素的空白文档,为背景图像填充颜色#fde000,如图 8-2 所示。

步骤 2 新建图层,选择"矩形选框工具"绘制一个长方形选框,执行"编辑"→"描边"命令,填充颜色为#804f2a,添加描边值为 2 像素,如图 8-3 所示。

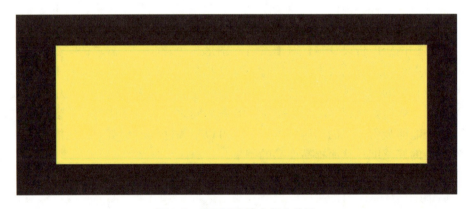

图 8-2 背景图像填充颜色效果

图 8-3 长方形选框效果

步骤 3 新建图层,选择"矩形选框工具"绘制一个更大的长方形选框,执行"编辑"→"描边"命令,填充颜色为#ffffff,添加描边值为 8 像素,如图 8-4 所示。

图 8-4 更大的长方形选框效果

步骤 4 打开素材图 8-5,抠出坚果,将其移动到左上角适当的位置,执行"滤镜"→"滤镜库"→"艺术效果"→"干画笔"命令,使用默认值,如图 8-6 所示,单击"确定"按钮,效果如图 8-7 所示。

图 8-5 素材图

图 8-6 "干画笔"参数设置

图 8-7 添加坚果效果

步骤 5 选择"横排文字工具",输入图 8-8 中的文字,颜色为#804f2a,字体为华文中宋,字间距为 200,文字"坚果控旗舰店"大小为 30 磅,其余文字大小为 7 磅。

图 8-8 添加文字效果

步骤 6 新建图层,选择"矩形选框工具",根据文字大小绘制一个矩形选框,填充颜色为#ffffff,调整该图层不透明度为 60%,使用"直线工具"绘制一条颜色为#fde000 的直线,宽度为 1 像素,复制 4 条同样的直线,将矩形一个个"切开",如图 8-9 所示。

图 8-9 矩形选框分割

步骤 7 新建图层,根据步骤 2 绘制颜色为#ffffff、宽度为 1 像素的边框,移动两个图层的图层顺序,放到文字图层的下方。效果如图 8-10 所示。

图 8-10 步骤 7 设置效果

步骤 8 打开素材图 8-11,截取合适的坚果进行摆放,设置图层混合模式为"正片叠底",不透明度为 40%,将坚果图层拖至背景图层的上方,效果如图 8-12 所示。

图 8-11 素材图

图 8-12 步骤 8 设置效果

步骤 9 打开素材图 8-13，截取合适的坚果进行摆放，设置图层混合模式为"正片叠底"，效果如图 8-14 所示。为了更加美观，可使用"橡皮擦工具"选取相应的图层擦掉右下角重叠的边框，最终效果如图 8-15 所示。

图 8-13 素材图

图 8-14　正片叠底效果

图 8-15　擦除重叠边框效果

四、技巧点拨

（1）创建选区后，能够编辑"描边"的快捷键是〈Alt + S〉。

（2）使用快捷键〈Alt/Ctrl + Delete〉，填充前/后背景色，取消选取则按快捷键〈Ctrl + D〉。

（3）可以新建一个组，将坚果图层拖拽进去，再修改不透明度和混合模式。

任务 2　设计移动网店广告

一、任务要求

随着网络广告制作水平的不断改进和提高，店铺的商品广告也越来越时尚，广告在满足传递信息的同时，也从视觉体验的角度为买家带来轻松、愉悦的美感。本任务要求制作坚果广告。坚果是一种流行的小零食，不仅可以在闲暇时消磨时间，还可以补充身体所需要的各种微量元素，但价格相对较贵。一个好的网络广告不仅可以给大家带来视觉享受，还可以为店家提高销量。

项目八 移动网店装修

二、效果展示

如图 8-16 所示为坚果店铺移动网店广告，广告图设计色彩鲜明，简洁明了。

图 8-16 设计效果图

三、制作向导

步骤 1 执行"文件"→"新建"命令，新建一个名为"海报设计"、尺寸为 1920×900 像素的空白文档，背景图像填充颜色为#ffdc89，如图 8-17 所示。

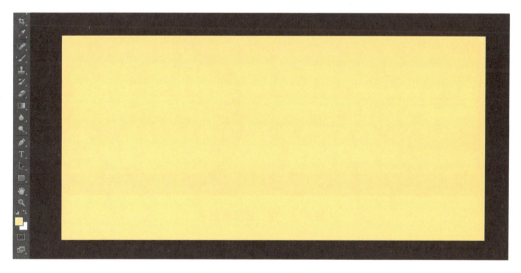

图 8-17 背景图像填充效果

步骤 2 新建图层，使用工具栏"钢笔工具"画出底部线条，在路径中建立选区；也可以运用快捷键〈Ctrl + Alt + Enter〉建立选区，填充颜色为#ffad00，如图 8-18 所示。

171

图 8-18　选区填充效果

步骤 3　新建图层，使用工具栏"椭圆选框工具"绘制圆形，选择"从选区中减去"得到一个空心圆，填充颜色为#ffad00，将此图层拖动至上一步图层下面，如图 8-19 所示。

图 8-19　空心圆填充效果

步骤 4　新建图层，使用"椭圆选框工具"绘制实心圆，填充颜色为#ffad00，放至画布左上角，只留底侧。用鼠标点击右侧"图层"面板中的图层缩览图，按住〈Alt〉键的同时移动左上角实心圆，得到一张复制图，向右移动，通过〈Ctrl + T〉快捷键缩小复制图，调节不透明度为 50%，如图 8-20 所示。

图 8-20　实心圆填充效果

步骤 5　将坚果素材放进去，点击图层面板的形状，按住〈Alt〉键同时单击图层，将素材嵌入，如图 8-21、8-22、8-23 所示。

图 8-21　图层设置　　　　　　　　图 8-22　素材嵌入效果（局部）

图 8-23　素材嵌入效果（整体）

步骤6 用步骤3制作空心圆方法绘制小圆，摆放在画布上。

步骤7 打开左侧工具栏中的"自定义形状工具"，追加全部图案，选择"波浪"图案和"拼贴2"图案，填充颜色为#ffad00，摆放在画布上。

步骤8 插入坚果素材，抠图并放置。

步骤6~8调整效果如图8-24所示。

图8-24 调整后效果

步骤9 放入文字素材，摆放如图8-25所示。

图8-25 文字插入效果

步骤10 在左侧工具栏中选择"矩形选框工具"，如图8-26所示；绘制矩形框，填充颜色为#ffad00。效果如图8-27所示。

项目八 移动网店装修

图 8-26 矩形选框工具

图 8-27 矩形选框插入后效果

步骤 11 单击图层样式，给矩形框添加"斜面和浮雕"样式，具体参数如图 8-28 所示。

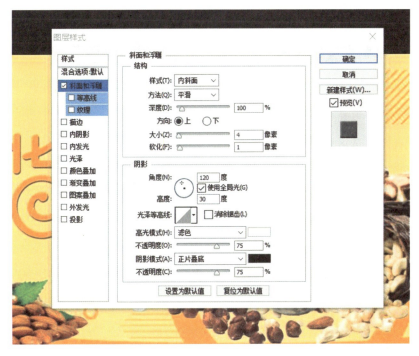

图 8-28 "斜面和浮雕"图层样式参数设置

步骤 12 选择"横排文字工具",编辑促销词,拖放至矩形选框中,如图 8-29 所示。

图 8-29　添加促销词效果

步骤 13 制作完成后的效果如图 8-30 所示。

图 8-30　制作完成效果图

四、技巧点拨

(1)创建规则选区可使用的工具有矩形选框工具、椭圆选框工具、单行选框工具、单列选框工具。

(2)变换图形除了使用〈Ctrl + T〉快捷键,还可以执行菜单栏中的"编辑"→"变换"命令,进行缩放、旋转、斜切、扭曲、透视、变形的操作。

任务 3　设计详情页

一、任务要求

策划商品文案是设计详情页的前提,最终要设计一份合理排版的文案,将文字信息通过图片 + 文字的形式展现给买家,而不是以单纯的文字对产品进行描述。买家看完详情页之后，买还是不买主要是看商品的表述形式是否打动了买家的心。商品详情页的色调能够给买家传达心理暗示，通过整体详情页的色调给买家留下良好的第一感觉，进而促使买家浏览商品详情页并且进行购买。

二、效果展示

如图 8-31 所示为坚果店铺详情页，图片设计色彩鲜明，卖点突出。

图 8-31　坚果详情页效果

三、制作向导

步骤1 新建790像素×7000像素的空白页文档，插入素材1和素材2，并组合起来。设置文字"奶香奶气"：字体为微软雅黑，加粗，大小为37磅，颜色采用"渐变叠加"，从#7f3a11到#d35e06；设置文字"恋上太容易"：字体为幼圆，颜色采用"渐变叠加"，从#7f3a11到#d35e06。效果如图8-32所示。

步骤2 插入素材3，设置副标题文字：字体为微软雅黑，大小为15磅，颜色为#e2b481。输入英文"A must-see cream pilgrimage from the tip of the tongue"，设置字体为Arial，大小为9磅，颜色为#e2b481。效果如图8-33所示。

图8-32　步骤1效果　　　　　　　　图8-33　步骤2效果

步骤3 插入素材4，使用"钢笔工具"绘制背景图，底色为#f7f3f0，黄色波浪线颜色为#eece85。设置文字"产品"：字体为微软雅黑，大小为40磅，加粗，颜色为#ffffff；设置文字"信息"：字体为微软雅黑，加粗，大小为40磅，颜色为#fb6a23。添加矩形框，填充颜色为#fb6a23。输入英文，设置字体为微软雅黑，大小为14磅，颜色为#ffffff。效果如图8-34所示。

步骤4 设置文字"我的美味名片"：字体为微软雅黑，大小为24磅，加粗，颜色为#505050。输入英文，设置字体为Arial，大小为12磅，颜色为#b18554。在多边形形状工具中，选择"直线工具"画出横线，粗细为2磅，填充颜色为#c37653。录入产品描述文字：左侧"产品名称"字体为宋体，大小为13磅，加粗，颜色为#212121；右侧"奶香巴坦木"字体为微软雅黑，大小为13磅，加粗，颜色为#91563b。以此类推，效果如图8-35所示。

图 8-34 步骤 3 效果

图 8-35 步骤 4 效果

步骤 5 使用"矩形选框工具"建立选区,使用"径向渐变",填充颜色为#f5daa0 到 #e7b957,渐变从选区中心点拉向左侧,得到背景图。插入素材 5,新建图层,使用"椭圆选框工具",按住〈Shift〉键绘制一个正圆选框,设置"描边"为 10 像素。执行"橡皮工具"→"柔边缘"命令,降低不透明度和流量,缓慢擦拭。效果如图 8-36 所示。

步骤 6 设置文字"奶香奶气":字体为微软雅黑,大小为 40 磅,加粗,颜色为 #7b3a15。用"矩形选框工具"建立矩形框,填充颜色为#f24e00。设置文字"巴旦木":字体为微软雅黑,大小为 14 磅,颜色为白色;设置文字"才是味道好":字体为微软雅黑,大小为 20 磅,颜色为#7b3a15。效果如图 8-37 所示。

图 8-36 步骤 5 效果

图 8-37 步骤 6 效果

步骤 7 用"椭圆选框工具"画圆,填充颜色从#bf7955 到#371706 渐变色,使用"径向渐变",渐变从选区中心点拉向左侧。在外圈用"椭圆选框工具"选区,鼠标右击弹出工具栏,设置"描边"为 2 像素,颜色为#60290c。在圆中输入文字,设置字体为微软雅黑，大小为 11 磅，加粗，颜色为#ffffff。效果如图 8-38 所示。

图 8-38　步骤 7 效果

步骤 8　使用"矩形选框工具"建立矩形选框，填充颜色为#fffce6，插入素材 6、素材 7。设置文字"森林……新鲜"：字体为黑体，加粗，大小为 28 磅，颜色为#763514。建立矩形选区，填充颜色为#f35204，设置矩形框内文字：字体为微软雅黑，大小为 13 磅，颜色为#ffffff。效果如图 8-39 所示。

图 8-39　步骤 8 效果

步骤 9　设置文字"巴旦木需"：字体为微软雅黑，大小为 18 磅，颜色为#a77254；设置文字"系出名门"：字体为黑体，加粗，大小为 18 磅，颜色为#763514；设置文字"雨水充沛……来调味"：字体为微软雅黑，加粗，大小为 8.5 磅，颜色为#903f18。效果如图 8-40 所示。

项目八 移动网店装修

图 8-40 步骤 9 效果

步骤 10 插入素材 8、素材 9，使用"橡皮擦工具"，降低不透明度和流量，擦拭坚果图层的顶部，使其更加自然。使用"钢笔工具"将左上角按图片要求填充颜色#fffce6。插入素材 10，抠图并放置在左上角。设置文字"我们只选"：字体为微软雅黑，大小为 24 磅，颜色为#a77254；设置文字"白富美"：字体为黑体，加粗，大小为 23 磅，颜色为 #763514；设置文字"严苛挑选……味需"：字体为黑体，加粗，大小为 14 磅，颜色为 #84503b。效果如图 8-41 所示。

图 8-41 步骤 10 效果

步骤 11 插入素材 11，设置文字"饱满圆润"：字体为黑体，加粗，大小为 24 磅，颜色为#763514；设置文字"果仁香醇……欲出"：字体为黑体，加粗，大小为 12 磅，颜色为#84503b。效果如图 8-42 所示。

图 8-42　步骤 11 效果

步骤 12　插入素材 12，新建图层，填充颜色为#43200d，图层不透明度设为 80%。设置文字"只有奶香"：字体为微软雅黑，大小为 30 磅，颜色为#ffffff；设置文字"当然不够"：字体为微软雅黑，大小为 30 磅，颜色为#ff6d28。在矩形工具中选择"直线工具"，设置粗细为 2 像素，填充白色。打开"自定义形状工具"，找到三角形，填充白色，放入下方。效果如图 8-43 所示。

图 8-43　步骤 12 效果

步骤 13 插入素材 13，选择"椭圆选框工具"，填充黑色；用"横排文字工具"输入数字 1，放在圆中心。设置文字"品相出众"：字体为微软雅黑，大小为 24 磅，颜色为 #bba291；设置文字"颜值高"：字体为黑体，加粗，大小为 26 磅，颜色为 #cbb7ac。使用"直线工具"绘制直线，粗细为 1 像素，填充白色。设置文字"皮薄……盛宴"：字体为宋体，加粗，大小为 12 磅，颜色为 #bba291。效果如图 8-44 所示。

图 8-44 步骤 13 效果

步骤 14 插入素材 14，操作同步骤 13。效果如图 8-45 所示。

图 8-45 步骤 14 效果图

步骤 15 插入素材 15，设置文字"美食……给你"：字体为黑体，大小为 25 磅，加粗，采用"渐变叠加"，颜色从 #93470d 到 #d28c5d；设置文字"暖心包装……的你"：字体为幼圆，大小为 14 磅，颜色为 #706f6b。用"直线工具"绘制直线，粗细为 1 像素。设置细节描述词（图 8-46 中五句）：字体为微软雅黑，大小为 12 磅，颜色为 #706f6b。效果如图 8-46 所示。

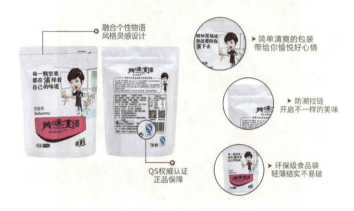

图 8-46　步骤 15 效果

步骤 16 插入素材 16，设置文字"美食……工序"：字体为黑体，大小为 25 磅，颜色采用"渐变叠加"，从 #93470d 到 #d28c5d；设置文字"从生产……食品"：字体为幼圆，加粗，大小为 15 磅，颜色为 #404040。效果如图 8-47 所示。

图 8-47　步骤 16 效果

四、技巧点拨

（1）在"变形文字"对话框中提供了很多种变形样式，可以根据不同的需求选取不同的样式，并且可以对字符和段落进行设置。

（2）应用"亮度/对比度""变化""色阶""曲线""色相/饱和度"等命令可以调整图像的颜色。

（3）在"图像大小"命令对话框中，无论"分辨率"的单位是"像素/英寸"还是"像素/厘米"，只要数值正确，最终得到的图像质量绝对不会受到影响。

项目总结

本项目旨在让学生在移动网店设计中，学会运用钢笔工具、选框工具、图层工具的方法和技巧来丰富图像效果。在商品详情页的制作中，为了突出产品的特点，商品详情页的设计要与商品主图、商品标题相契合，详情页的内容必须能真实地介绍商品的属性，通过运用渐变工具、选框工具、文字工具等来丰富图像效果。

实战演练

根据项目内容，自行选取时尚水杯素材，完成一个水杯网络广告的制作，制作背景如图 8-48 所示。

图 8-48　水杯网络广告效果图

操作提示：操作过程中背景运用前景色、钢笔工具或者渐变工具完成；运用文字工具及自定形状工具进行内容填充；运用钢笔工具制作线条装饰背景；自行选取水杯素材放至合适的位置，完成整体制作。

课后习题

一、单选题

1. 以下常用于印刷模式的是（　　）。
   A. RGB　　　　B. CMYK　　　　C. LAB　　　　D. HSB
2. 创建选区后，能够反转选区的快捷键是（　　）。
   A. 〈Ctrl + I〉　　B. 〈Ctrl + H〉　　C. 〈Ctrl + D〉　　D. 〈Ctrl + Shift + I〉
3. 色彩平衡的快捷键是（　　）。
   A. 〈Ctrl + A〉　　B. 〈Ctrl + C〉　　C. 〈Ctrl + B〉　　D. 〈Ctrl + D〉
4. 下列关于色彩模式转换的描述正确的是（　　）。
   A. 尽可能多转换　　　　　　　　B. 每次操作至少要3次以上转换
   C. 任何情况下都不需要转换　　　D. 尽可能避免多次转换
5. 关闭文件的快捷键是（　　）。
   A. 〈Alt + W〉　　　　　　　　B. 〈Shift + W〉
   C. 〈Ctrl + W〉　　　　　　　　D. 〈Alt + Ctrl + W〉

二、多选题：

1. "图层/图层样式"菜单中的命令有（　　）。
   A. 内阴影　　　B. 模糊　　　C. 内发光　　　D. 外发光
2. Photoshop CS6 的窗口环境包括（　　）。
   A. 标题栏　　　B. 菜单栏　　　C. 控制调板　　　D. 图像窗口
3. 使用"图像大小"命令可以调整图像的（　　）。
   A. 像素大小　　B. 分辨率　　　C. 文档大小　　　D. 画布大小
4. 创建规则选区可使用的工具有（　　）。
   A. 矩形选框工具　　　　　　　B. 椭圆选框工具
   C. 单行选框工具　　　　　　　D. 单列选框工具
5. 下列关于"颜色减淡"和"颜色加深"模式的描述正确的有（　　）。
   A. 选择"颜色减淡"模式，当用白色画笔在彩色图像上绘图时，得到白色的结果
   B. 选择"颜色减淡"模式，当用白色画笔在彩色图像上绘图时，没有任何变化
   C. 选择"颜色加深"模式，当用白色画笔在彩色图像上绘图时，没有任何变化
   D. 选择"颜色加深"模式，当用白色画笔在彩色图像上绘图时，得到白色的结果

三、判断题

1. 应用"亮度/对比度""变化""色阶""曲线""色相/饱和度"等命令可以调整图像的颜色。（　　）

2. 在"文字变形"对话框中提供了很多种变形样式,"鱼眼"样式不是样式菜单所提供的。（   ）

3. 当路径上所有锚点全部显示为黑色时,表示该路径已被选中。（   ）

4. 选择某图层,单击右键选择"复制图层",再选中其他的对象,选择"粘贴图层样式"命令可设置相同的图层样式。（   ）

5. 在"图像大小"命令对话框中,无论"分辨率"的单位是"像素/英寸"还是"像素/厘米",只要数值正确,最终得到的图像质量绝对不会受到影响。（   ）

习题参考答案

项目一

一、单选题

1. A **2.** B **3.** A **4.** D **5.** D **6.** D **7.** B **8.** A

二、多选题

1. A、D **2.** B、C、D

三、判断题

1. √ **2.** × **3.** ×

项目二

一、单选题

1. B **2.** A **3.** D **4.** C **5.** C

二、多选题

1. A、B、C、D **2.** A、B、C、D **3.** A、B、C、D **4.** A、B、C **5.** B、C、D

三、判断题

1. √ **2.** × **3.** √ **4.** √ **5.** ×

项目三

一、单选题

1. C **2.** B **3.** B **4.** A **5.** C

二、多选题

1. A、B、C **2.** A、B、C **3.** A、B、C、D **4.** A、B、C、D **5.** A、C

三、判断题

1. √ **2.** √ **3.** × **4.** × **5.** √

项目四

一、单选题

1. D **2.** C **3.** B **4.** A **5.** D

二、多选题

1. A、C、D **2.** A、B、C、D **3.** A、B、C **4.** A、C **5.** A、B、C

三、判断题

1. × **2.** √ **3.** √ **4.** √ **5.** √

项目五

一、单选题

1. C **2.** A **3.** B **4.** B **5.** D

二、多选题

1. A、B、D **2.** A、B、C、D **3.** A、B、C、D **4.** A、B、D

三、判断题

1. √ **2.** × **3.** √ **4.** √ **5.** √

项目六

一、单选题

1. B **2.** D **3.** B **4.** A **5.** C

二、多选题

1. A、B、C **2.** B、D **3.** A、B、C、D **4.** A、B、C、D **5.** A、B、C、D

三、判断题

1. √ **2.** √ **3.** × **4.** × **5.** √

项目七

一、单选题

1. B **2.** A **3.** D **4.** C **5.** D

二、多选题

1. A、C、D **2.** A、B、C、D **3.** A、B、C、D **4.** A、B、C、D **5.** A、D

三、判断题

1. √ **2.** √ **3.** × **4.** √ **5.** √

项目八

一、单选题：

1. B **2.** D **3.** C **4.** D **5.** C

二、多选题

1. A、C、D **2.** A、B、C、D **3.** A、B、C **4.** A、B、C、D **5.** A、C

三、判断题

1. √ **2.** × **3.** √ **4.** × **5.** √

参考书目

[1] 陆一琳. Photoshop 图像处理项目教程 [M]. 武汉：华中科技大学出版社，2010.

[2] 罗文君. Photoshop 图形图像处理 [M]. 重庆：重庆大学出版社，2020.

[3] 郑国旺，张洪民，张金泽，等. 图形图像处理（Photoshop CS6）[M]. 北京：北京师范大学出版社，2018.

[4] 朱言明. 网页美工设计 [M]. 重庆：重庆大学出版社，2015.

[5] 范玲. Photoshop 图形图像处理 [M]. 青岛：中国海洋大学出版社，2019.

[6] 郑华，王文雅. Photoshop 图形图像处理案例教程 [M]. 北京：北京邮电大学出版社，2015.

[7] 童海君，陈民利. 网店视觉营销与美工设计 [M]. 北京：北京理工大学出版社，2019.

[8] 耿斌，彭媛. 商品摄影与图片处理 [M]. 北京：中国发展出版社，2018.

[9] 孙红梅，汪健. 网店美工 [M]. 北京：中国发展出版社，2018.

[10] 徐开秋. Photoshop 软件实用教程 [M]. 上海：东方出版中心，2018.

[11] 黄莓子，曾锦，唐建. Photoshop 图像处理与平面设计 [M]. 上海：上海交通大学出版社，2017.

[12] 陈传起，杨振宇. Photoshop 图形图像处理技术项目化教程 [M]. 北京：中国轻工业出版社，2014.

[13] 陈晴，梁莎. Photoshop CS6 基础与实战项目化教程 [M]. 2版. 北京：高等教育出版社，2018.

[14] 黄瑞芬，彭春燕，胡小琴. 中文版 Photoshop CS6 平面设计案例教程 [M]. 镇江：江苏大学出版社，2013.

[15] 温晞. 图形图像处理 Photoshop CC [M]. 2版. 北京：高等教育出版社，2016.

[16] 严圣华，许辉，周嫚嫚. Photoshop CS6 案例教程 [M]. 苏州：苏州大学出版社，2017.

[17] 王月婷，聂爽爽，应吉平. 网店美工实战教程 [M]. 北京：北京理工大学出版社，2019.

[18] 徐娴，顾彬. 边做边学 Photoshop CS6 图像制作案例教程 [M]. 北京：人民邮电出版社，2015.